不同有机物料还田对麦田碳氮水利用研究

马守田　陈惠婷　高　阳　邵　云　孙池涛　著

黄河水利出版社
·郑州·

内 容 提 要

本书对不同有机物料利用和农田碳、氮、水循环的相关国内外研究现状进行了简单的阐述,通过试验对不同有机物料还田对麦田土壤养分循环利用、小麦生长发育和生态系统服务价值进行了研究分析。本书主要内容包括:不同有机物料还田对麦田土壤理化特性的影响、不同有机物料还田对小麦生长发育的影响、不同有机物料还田对小麦水氮利用的影响、不同有机物料还田对麦田生态系统服务价值的影响等。

本书可供小麦栽培、农业节水、资源循环利用、环境可持续发展等相关研究领域的科技人员参考。

图书在版编目(CIP)数据

不同有机物料还田对麦田碳氮水利用研究/马守田等著. —郑州:黄河水利出版社,2023. 10

ISBN 978-7-5509-3788-8

Ⅰ.①不… Ⅱ.①马… Ⅲ.①麦田-土壤水-碳循环-研究②麦田-土壤水-氮循环-研究 Ⅳ.①S152.7②X511

中国国家版本馆 CIP 数据核字(2023)第 211038 号

组稿编辑:王路平　电话:13623813888　微信:hhslwlp
陈俊克　0371-66026749　18790295360

责任编辑:景泽龙　责任校对:鲁　宁　封面设计:张心怡　责任监制:常红昕

出版发行:黄河水利出版社　网址:www. yrcp. com　E-mail:hhslcbs@ 126. com
地址:河南省郑州市顺河路 49 号　邮政编码:450003
发行部电话:0371-66020550、60028024

承印单位:河南承创印务有限公司

开本:890 mm×1 240 mm　1/32

印张:4

字数:120 千字

版次:2023 年 10 月第 1 版　印次:2023 年 10 月第 1 次印刷

定价:35.00 元

前 言

我国农业生产严重依赖生产资料的高投入,特别是化肥、农药、农膜、电力、机械动力等的过量使用,使农田生态系统的压力不断增加,农业生态环境问题日益突出。华北地区除上述问题外,还存在水资源短缺、水肥利用效率低、农业秸秆循环利用率低、农业可持续发展能力弱等突出问题。近年来,农业废弃物已成为阻碍生态农业发展的直接因素,我国不同种类农田作物秸秆每年的总产生量大约为 7 亿 t,大部分采用就地焚烧或不规范堆放方式处理,仅有不足 18%作为工业或其他用途,不仅污染环境、严重威胁交通运输安全,还造成了资源浪费。尽管秸秆的饲料化、发酵化、菌种化等多样化利用获得了明显成效,减轻了相当范围内的秸秆就地焚烧状况,然而农业废弃物的资源浪费形势依然严峻。畜禽养殖业已逐渐成为农业经济发展的中坚产业,但养殖户的环保观念弱、污物处理能力缺乏、畜禽产生的粪便随意堆积或者直接排入环境,导致大量的畜禽粪便不能得到有效利用,不仅浪费了宝贵的资源,也进一步加剧了环境污染。

本书对有机物料利用和农田碳、氮、水循环的研究现状进行了简单的阐述,通过试验对不同有机物料还田对麦田土壤养分循环利用、小麦生长发育和生态系统服务价值进行了研究分析。全书共分七章,主要内容包括:不同有机物料还田对麦田土壤理化特性的影响、不同有机物料还田对小麦生长发育的影响、不同有机物料还田对小麦水氮利用的影响、不同有机物料还田对麦田生态系统服务价值的影响等。

本书在撰写过程中得到了中国农业科学院科技创新工程、国家小麦产业技术体系水分生理与节水栽培岗位的经费支持,同时感谢陈惠婷、高阳、邵云、孙池涛等老师对书稿的整理、审定、校正。另外,本书在编写过程中还引用了大量的参考文献。在此,谨向为本书的完成提供支持和帮助的单位、研究人员和参考文献的作者表示衷心感谢!

由于作者水平有限，书中难免存在不妥之处，敬请读者朋友批评指正。

作 者

2023 年 8 月

目　录

第1章 绪 论

1.1 研究背景

农业支撑了国民经济的持续发展,是国家生存的根源、立足的根本,是其他产业的重要基石。长期以来,人们过度关注农业的直接经济价值,认为农业仅仅是一种通过繁育动物和培植植物来生产人类所需要的各种食品或者生产原料的行业,并试图通过各种农业技术和田间管理手段实现农产品高产。在长期过度追求农业经济功能、强调高产再高产的传统观念下,我国农业生产一直依赖于生产资料的高投入,特别是化肥、农药、农膜、电力、机械动力等的过量使用,这使得农田生态系统的压力不断增加,严重扰乱了生态系统结构,使得农业生态环境问题日益突出。

农业生产中影响作物生长的两个重要环境因素是水分和肥料,水分是作物吸收营养、营养物质转运和其他生理机能不可缺少的主要生命物质。肥料可以提高作物生长过程中所需的营养物质,是提高产量和品质的必要措施。中国淡水总量巨大,但人均占有量偏低,仅为世界平均水平的1/4,是全球13个人均水资源最贫乏的国家之一。同时,我国农业用水浪费严重,最突出的表现为农田灌溉水的利用率低和作物的水分利用率低。

农田生态系统氮素输入主要来源于化肥、有机肥料、干湿沉降、灌溉、共生固氮和非共生固氮,氮肥是农田生态系统人为投入量最大的农用化学品。当前,我国化肥的利用率不高,当季氮肥利用率仅为35%。我国化肥施用量超过了世界化肥施用总量的25%,并且化肥投入的数量还在持续增加。伴随着过量氮肥的投入,我国农业生产中作物对化学氮肥的利用效率却在下降,造成氮素资源的极大浪费。研究表明,氮素在生态系统循环过程中会造成水体硝酸盐污染和湖泊的富营养化,同时还可能会引起土壤中矿物质亏损;氮还是农田中一种重要的非点源污染物。另据有关资料报告,我国一些粮食生产区由于氮肥投入过量,地下水中的硝态氮含量平均在 15.42~56.04 mg/L,最高达 88.03 mg/L,远远超过世界卫生组织颁布的饮用水质量标准(10 mg/L)。氮过量导致的环境污染影响了社会经济的可持续发展和人类健康。因此,提高氮肥利用率是保持或提高作物产量、减少氮肥施用对环境产生不利影响的必然之路。

据调查,20 世纪 90 年代,中国化肥纯氮的施用量约为 2 590.3 万 t,2013 年就达 5 911.8 万 t;农药用量从 1991 年的 76.5 万 t 增长到 2012 年的 180.6 万 t;农膜用量从 1991 年的 64.2 万 t 增加到 2012 年的 238.3 万 t;中国单位耕地化肥消耗量为 257.6 kg/hm^2,是世界平均水平的 2.6 倍。日益提升的化肥用量显示农业污染已成为重要的环境污染源,农田消费投入被认为是粮食安全的制约要素。怎样评估和量化农田生产过程的负面影响、寻找方法和路径来减少所产生的危害、提高粮食生产安全性是我们亟需解决的一项重要任务。

随着我国农业的迅猛发展,每年都有大量的农业废弃物产生。我国每年产生的秸秆约有 7 亿 t,但秸秆利用率却不足 30%,大量秸秆被焚烧、丢弃,既浪费了资源又污染了环境;我国生猪一年的排粪量约 10.36 亿 t,在用肥淡季时,往往有大量畜禽粪便积压,养殖场周边污水横流、臭气熏天。粪便富含养分和能量,但同时又是 COD 污染源,造成水体富营养化、水体污染和资源浪费。将秸秆和动物粪便还田,既可充分利用资源,减轻农业废弃物对生态环境的负面影响,又是发展生态农业不可替代的有效途径。

随着中国农业经济的飞速进步,农业废弃物已成为阻碍生态农业发展的直接因素。据报道,我国不同种类农田作物秸秆每年的总产生量大约为 7 亿 t,大部分采用就地焚烧或不规范堆放的方式处理,仅有不足 18%作为工业或其他用途,不仅污染环境、严重威胁交通运输安全,还造成了资源浪费。相关研究指出,秸秆大面积燃烧会产生大量的烟雾以及悬浮颗粒等物质,造成雾霾天气;还会破坏土层结构,耕作层的微生态被烧死,影响生态系统的平衡。环境保护部门的监测结果发现,秸秆焚烧较多的地区,大气中含有的悬浮颗粒的浓度达到了年度平均的7倍以上,二氧化碳的浓度甚至超过全年平均值的9倍之多,这对大气环境造成了严重的影响。最近几年,虽然在相关机构或组织的监管和踊跃帮扶下,秸秆的有效使用获得了明显成效,减轻了相当范围内的秸秆就地焚烧状况,然而农业废弃物的资源浪费形势依然严峻。

自改革开放以来,畜禽养殖业已逐渐成为农民经济发展的中坚产业,是我国农业增效、农民增加收入的领头羊。但是由于养殖户的环保观念弱、污物处理能力缺乏、畜禽产生的粪便随意堆积或者直接排入环境,导致大量的畜禽粪便不能得到有效利用,不只是浪费了宝贵的资源,也对环境造成了严重的危害。有研究认为,目前畜禽粪便产生的污染、工业废水、生活污水并称为三大污染源,已成为环境和水源污染的直接因素。

农业生态系统在给人们提供基本生活原料的同时,还提供了调节气候、净化环境、涵养水源、保持土壤、营养循环等众多生态服务功能。在资源逐渐短缺、环境持续恶化的背景下,农业生态系统服务功能不可忽视。农业生态系统一般可分为耕地生态系统、森林生态系统、草原生态系统和内陆淡水生态系统。目前,对生态系统服务价值的研究主要集中在森林、草原、水体、湿地方面,而对耕地生态系统服务价值的研究起步较晚,这不利于为制定针对耕地、农户的农业生态政策提供科学依据,同时不利于调动农民保护耕地、改善耕地生态系统服务功能的积极性。现有研究表明,耕地具有很高的生态系统服务价值。我们重新认识耕地价值的同时应处理好耕地经济效益与社会效益的关系。生态系统服务价值是生态系统服务功能的"货币化",可用来与其他资本进行比较。因此,合理利用耕地生态系统服务功能的同时,利用经济机制约束对耕地无节制利用的行为,有利于协调好耕地保护与经济建设之间的关系,有利于耕地的可持续利用。因此,研究耕地生态系统服务价值具有重要的现实意义。

生态足迹的出现使粮食生产中负面效应的量化成为可能,通过比较生态足迹与自然界所提供的生态承载力,可以判断人类对自然资源的利用是不是具备可持续性。生态足迹又称生态占用，是指特定数量人口对自然生态系统提供的各种商品和服务功能的消费，以及吸纳所产生的废物所需的生物生产性土地(或水域)面积。其应用意义是对人类消耗的自然资源总量和地球系统的资源再生能力的直接定量操作。碳足迹、氮足迹、水足迹是生态足迹的主要构成。对农业生产中碳、活性氮排放以及水消耗进行定量评价，是指导农业活动合理化、保障粮食生产的重要前提。

从生态学的立场讲，农田是一个自然与人工协作的生态系统，农田系统除能为人们提供囊括食物、原材料生产以及美学景观服务价值在内的直接服务价值外，还提供了众多生态服务功能，如气候调节、废物处理、水土保持、营养循环、涵养水分、净化环境等。特别是在当今能源浪费、生存环境持续恶化的背景下，不仅要关注作物产量，农业生产与之俱来的服务价值同样不可小觑。2016 年中央一号文件明确指出，要增强资源保护和生态修复，加大农业的面源污染防治力度，实施化肥农药零增长行动，实施种养业废弃物资源化利用，形成高效生态循环农业模式，确立发展绿色农业以及保护生态的观念。本书研究针对在农业生产中氮肥施用量大但利用率低、种养业废弃物利用率不够、农业可持续发展程度低等问题，通过实施有机物料还田和减施氮肥，对麦田生态系统碳足迹、氮足迹、水足迹及生态系统服务价值进行初步评估，为降低资源浪费、促进生态系统养分合理循环和绿色农业发展提供理论依据。

针对中原经济区农业生产中水资源短缺、氮肥用量大、农业秸秆循环利用率低、农业可持续发展能力弱等突出问题，通过研究秸秆直接还田、过腹还田(牛粪)、发酵后还田(沼液)3 种方式替代部分氮肥还田，对麦田土壤碳储量、产量及水氮利用效率的影响，并对不同处理的麦田生态系统碳足迹、生态系统服务价值进行评估，为提高土壤固碳能力和作物水氮利用效率、实现农田生态系统中碳氮良性循环，促进农业环境的可持续发展提供理论依据。

1.2 研究现状

1.2.1 我国农业发展现状及问题

中国以农业立国,从古至今已有相当长的农耕栽培历史,农业始终是我国经济快速发展、社会和谐稳定和国家高度自立的保障。进入21世纪以来,人口的增长促使对粮食等物质的需求量也与日俱增。截至2015年,我国人均粮食占有量从1952年的288 kg提高到了450 kg,实现了以占世界7%的耕地资源和水资源养活了占世界22%的人口的奇迹。然而,为了保持粮食的高产,“高投入、高产出、高能耗、高污染”的农业生产模式随处可见。中国单位农业用水量与全球平均水平相比,高出约20%;单位面积化肥施用量已超出发达国家所设定的为保证水体不被污染的225 kg/hm^2 的上限,达到了257.6 kg/hm^2;2000年中国每平方米耕地农药用量为0.998 t,是经济合作与发展组织(OECD)国家平均水平的4.8倍(中国科学院可持续发展战略研究组,2006)。化肥、农药等的长期大量施用,农业资源的不合理利用,地下水的过度开采,使得资源浪费和环境污染问题日益突出。

农业废弃物是指在整个农业生产过程中农作物生产、畜禽养殖、农产品加工和农民生活排放的废弃物的总称,主要包括:农田、果园和树林残留物,家畜及家禽产生的粪便等,农产品加工废弃物,人粪尿及生活废弃物等。据统计,我国畜禽粪便每年产生总量约 24.3×10^9 t,作物秸秆 7.0×10^9 t,蔬菜废弃物 1.0×10^9 t,食用菌菌渣产生量约 0.457×10^9 t,垃圾 2.5×10^9 t,农业加工场抛弃物 1.5×10^9 t,农林业抛弃物 0.5×10^9 t,以及其他有机废弃物约 0.5×10^9 t,约合 7×10^9 t 的标准煤。2020年,我国的农业有机废弃物产量要高出 50×10^9 t。农业废弃物如果不加处理就排入到环境中或者直接丢弃,使原本可成为重要有机肥源的物品变为污染源,则会对生态环境造成极大的危害。农业废弃物的危害主要表现在:秸秆焚烧造成空气污染;畜禽粪便随意堆放,一方面使周围环境臭气熏天,另一方面导致土壤结构改变;畜禽养殖废水的恣意流淌,致使农业用水水体污染,影响人的健康。

农业生产活动对温室气体的排放有着不可忽视的作用,温室气体排放是气候变化的重要参与部分。政府间气候变化专门委员会(IPCC)的第四次评估报告提出,全球每年由人类排放的温室气体中,有11%的CO_2、50%的CH_4以及60%的N_2O来自于农业生产活动,而我国农业方面的温室气体排放量占全球总排放量的17%。中国农业科学院通过估算表示,大气温度不断升高、农业可用水量削减、实际耕地面积减少对未来粮食安全也会造成威胁,会使中国2050年的粮食总产值较2000年降低14%~23%。

民以食为天,食以安为先。随着社会经济的发展,环境问题、资源问题日益突出,传统农业面临严峻挑战,循环农业应运而生。循环农业的主旨是农业资源的往复多层利用和高效流动,原则是“减量化、再利用、资源化”,力求形成“低消耗、低排放、高效率”的农业发展模式。相对于“高生产、高消费、高废弃”的传统农业增长模式而言,循环农业是一种符合现代农业发展观念的新类型的农业格局,是使农业有机废弃物“变废为宝、变弃为用、变害为利”,降低农业能源投入品消耗、减少农业能源温室气体排放、发展低碳农业的重大措施。

1.2.2 农田生态系统中水循环及其影响因素

1.2.2.1 农田生态系统中水的循环

水是自然界的重要组成物质,在地球各个生态圈内以固、液、气三种形态循环运动。水循环为元素的循环和能量的流动提供动力和载体,深刻地影响着全球环境变化及自然生态系统内一系列物理、化学和生物学的过程。土壤中存储的水是植物生长所需的主要水源,地表径流以及地下水通过地表河流汇入海洋,地面水、土壤内储存的水、地下水以及生态系统中的水,大部分通过蒸腾蒸发返回大气,成为大气中的水汽,然后其中一部分通过雨雪回到陆地。农田中水分的循环过程主要包括地面循环、土壤内循环和地下水循环,土壤内循环作为联系地下和地表水的纽带,是与作物生长关系最密切的一个过程。土壤中水分的循环主要通过作物根层水分收支的动态变化来体现。作物根层主要水分收入包括降水(P)、人工灌溉(I)和地下水补给(GE),水分消耗项包括蒸腾蒸发量(ET)、土表损失量(R)及土壤根层剖面底部的渗漏(IF)。自然条件下,降水是生态系统主要的水分补给形式,蒸发散发是主要的水分消耗形式。人类活动对农田生态系统的影响加剧后,灌溉成为农田系统水分的一个重要来源。与此同时,人为的耕作活动改变了农田的微型地貌、土壤的结构和理化性质等,使得土壤的入渗和下渗受到影响,从而改变了农田的水分循环;此外,不同的种植制度和耕作栽培模式也会对农田系统的蒸发散发产生影响。

1.2.2.2　农田生态系统中水循环的影响因素

水分是旱作小麦产量能否提升的重要限制因子,如何留住降水、增加土壤蓄水一直是旱作小麦研究的主要方向之一。李艳等(2012)研究认为,地膜覆盖可以减少土壤蒸发、提高水分利用率;党廷辉等(2008)和樊俊华等(2006)研究表明,地膜覆盖能较好地保温增温,显著提高小麦的产量和水分利用率。合理耕作能较好地提高旱作小麦水分利用率,张胜爱等(2006)研究认为,播前深松有利于改善土壤结构,增强土壤的蓄水保墒能力;侯贤清等(2009)研究认为,休闲期翻耕可以有效地蓄雨保墒,提高旱作冬小麦播前的土壤贮水量,显著改善苗期的土壤水分状况。深耕可以加深土壤耕作层,疏松土壤,提高土壤通透性,增强土壤接纳灌溉水、自然降水、蓄水保肥能力,从而提高田间水分利用率。粪肥能够提高土壤保水蓄水性能。王晓娟等在对旱地土壤水分的研究中发现,粪肥对玉米土壤贮水量有显著影响,提高的百分比高达 11.49%~21.62%;在玉米大喇叭期 22 500 kg/hm^2 的粪肥处理比 7 500 kg/hm^2 的粪肥处理的土壤贮水量显著提高了 9.09%,2 m 土层平均贮水量比单施化肥高 4.79%;且粪肥能显著提高土壤水分利用效率 12.37%~37.55%。Celik 等(2004)的研究也表明,粪肥能够提高土壤有效含水量的 56%,而堆肥后施入土壤能提高土壤有效含水量 86%。粪肥能够改变土壤条件是提高作物水分利用效率的主要因素。谢迎新等(2010)在对粪肥对小麦旗叶功能影响进行研究时发现,单施粪肥或配施化肥均能够延缓冬小麦后期旗叶光合速率、蒸腾速率的下降。

1.2.3　农田生态系统中氮循环及其影响因素

1.2.3.1　农田生态系统中氮的循环

氮循环指自然界里有机氮、无机氮及氮气间相互转化的过程，包括硝化和反硝化作用、固氮作用、氨化作用及有机化合物的形成等过程。农田生态系统中的氮循环是指氮素通过不同途径进入农田，经过转化和移动后又离开农田生态系统的过程。氮是自然界中最重要的元素之一，是植物生长不可或缺的主要元素。氮素通过影响植物的光合作用、有机碳的吸收分解、各器官中同化物的转移分配以及对气候变化的响应等影响着陆地生态系统的碳循环。土壤中的氮素大多是有机态形式，占土壤中全氮的85%~95%，植物一般不能直接利用有机氮，但在适宜的条件下，有机氮通过矿化转化成矿物氮，氮素矿化程度对植物吸收利用氮素有重大意义。土壤中氮素的矿化速率随土壤含水量的增加而增加，但超过一定范围时，土壤中 O_2 含量下降，反硝化细菌的作用加强，使部分无机氮以气体形式散失，氮素的矿化速率在一定程度上降低。

1.2.3.2　农田生态系统中氮循环的影响因素

水分是影响土壤氮素矿化及氮素吸收运转的重要因素，大量研究表明，水分能较大程度地影响植株氮素的吸收运转，水分亏缺能降低小麦花前贮存在营养器官中的氮素转运量和转运率，从而减少籽粒氮积累。Stanford 等(1974)研究发现，土壤中氮素矿化的最佳含水量为0.01~0.003 3 kg/kg，当含水量为0.033~1.5 kg/kg时，土壤含水量的大小显著影响氮素的矿化速率。周才平等(2001)认为，土壤含水量范围一定(0.46~0.54 kg/kg)时，土壤氮素的净矿化速率随土壤湿度的增加而升高，当含水量超过该范围时，土壤氮素的净矿化速率则随土壤含水量的升高而降低。陈伏生等(2001)对红壤土氮素矿化的研究中也发现，只有适宜土壤含水量条件下才有利于土壤氮素的矿化。赵长盛等(2012)研究表明，黄棕壤的氮素矿化量随着土壤水分含量的增加而增加，当土壤水分含量相当于田间持水量的64.9%时，土壤氮素的矿化速率最高。

耕作可以为农作物提供一个良好的生长环境并有效维持粮食生产的可持续性发展,农业耕作制度对农田的养分变化有较大影响。李友军(2006)、邱临静(2007)对旱地小麦水分运行、氮素吸收利用的研究表明,合理的耕作栽培模式能显著提高籽粒和成熟期植株地上部分的氮积累量、花后积累和氮素转运量,提高水肥的利用效率、氮素生产效率。刘世平等(2005)研究表明,少耕或免耕时仅将肥料与残茬施在土壤表层,养分主要集中在耕作层。宫秀杰等(2009)的研究认为,多年不翻耕时根残物有所增加,影响了土壤氮、磷、钾等养分的时空分布。邵云等(2013)研究表明,不同耕作方式相比较,浅耕条件下耕作层土壤全氮高于深耕。

维持耕地土壤肥力最主要的方法是培肥,可以补偿作物收获及农作物废弃物(如秸秆)带出农田对土壤养分库造成的影响。施用有机物料或有机肥料是对耕地土壤培肥最有效的途径。长期肥料试验的结果表明,施用有机肥或者有机无机配施可明显提高土壤氮含量,氮、磷、钾化肥平衡施用能保持或提高土壤氮含量。实施秸秆还田能有效改良土壤,培肥地力,是实现耕地质量持续提升的重要途径之一。同时秸秆还田还可以有效促进农田生态系统内部物质、能量良性循环,减少作物对外部物质、能量的依赖,形成一个稳定的、自循环程度较高的生产系统,有利于农业的可持续发展。研究证明,沼渣、沼液中含有丰富的有机质和大量的氮、磷、钾等营养物质,是农作物的优质肥源。李明德等(2010)的研究表明,有机物料还田能显著增加土壤中氮的含量。

现代农业的一个显著特征是化学农业,农药的应用有效控制了农作物病虫害进而使产量大幅提高,对世界粮食安全起到很大作用。除草剂是农业生产中用量最大的农药。土壤氮素循环的一个重要环节是土壤固氮菌和豆科作物固氮,提高生物的固氮效率可以有效增加氮素的输入,进而提高土壤肥力。张猛(2008)、王利平(2006)研究除草剂对花生和紫花苜蓿根瘤固氮的影响表明,除草剂的使用明显抑制两种作物的生长,结瘤率和植株含氮量大大降低。Kole 等(1989)研究发现,花生早期生长中受除草剂影响较大,除草剂的使用能明显抑制土壤细菌总量、好气非共生固氮菌和固氮能力。除草剂通过影响固氮菌的群体数量来抑制植物结瘤固氮，从而影响共生植物的生长发育和氮素营养。此外，土壤中微生物通过分解、氨化和硝化等途径将有机质转化成可被植物吸收利用的氮素形态，而除草剂的使用会影响土壤内微生物数量和活性从而影响土壤氮的矿化与转化。Jana（2004）研究表明，使用除草剂能减少土壤总矿化氮量（铵氮和硝氮），而且用量越大减少越多。EL. Ghamry 等（2001）的试验结果也表明，除草剂对土壤中的碳、氮矿化有显著抑制作用，除草剂浓度越高其抑制作用越强。

1.2.4　农田生态系统中碳循环及其影响因素

1.2.4.1　农田生态系统中碳的循环

碳素是组成生命物质的三大元素之一，是有机质的共同组成部分。大气中大部分碳以 CO_2 形式存在，海洋中以 CO_2、CO_3^{2-}、HCO_3^- 等形式溶解在海水中，生物圈中以各种有机或无机物的形式存在于植被和土壤中。大气碳库是联系海洋和陆地的桥梁，大气中参与碳循环的主要气体有 CO_2、CH_4 和 CO，CO_2 是主要气体。陆地和海洋中的生物通过呼吸作用向大气中排放 CO_2 的同时，绿色植物通过光合作用吸收固定 CO_2，储存于陆地和海洋之中，其 CO_2 浓度的变化能够直接影响到整个地球系统的物质循环和能量流动。陆地碳主要以植物碳库、凋落物（残落物）碳库、土壤有机质碳库三种形式存在。土壤碳库是陆地生态系统中最大的碳库，是植被碳库的 1.5～3 倍，因此土壤陆地碳库在全球碳平衡中具有更重要的作用。农田生态系统面积占全球陆地面积的 10.5%，是陆地生态系统的重要组成部分。农田生态系统中的碳库作为全球碳库中最活跃的部分，其对碳的固定能力将对全球因人类经济活动产生的碳排放具有巨大的补偿潜力，研究农田系统的碳循环和碳蓄积对了解农田生态系统在缓解全球气候变暖方面的潜在可能性有积极作用。农田生态系统中植物通过光合作用吸收 CO_2 合成有机物质，凋落物经分解和腐殖化作用，形成有机碳固定在土壤中，两种方式向土壤中输入有机碳。有机物输入土壤后，经过微生物作用分解转化为新的腐殖质积累，与此同时，土壤有机质又不断分解形成 CO_2、CH_4，以气体形式离开土壤，或者以可溶性碳的形式淋溶而流失掉。农田生态系统中作物通过光合作用将 CO_2 固定在体内，后以作物凋落物、秸秆根茬残留物和根系释放的有机物质等方式向土壤输入有机碳；土壤碳的另一主要来源是有机和无机肥。在输入的同时，作物和土壤通过呼吸作用向大气排放碳；农产品离开农田被人类或家禽、家畜消化后以粪便、遗体的形式返回农田生态系统。

1.2.4.2　农田生态系统中碳循环的影响因素

农田生态系统主要通过影响碳的固定、贮存和释放过程来影响系统的碳循环。碳的固定方面主要是作物经过光合作用转化为植株生物量；农田生态系统中碳的最终贮存地是土壤，影响系统碳贮存量的因素长远来看是农田土壤固碳量；农田生态系统的碳释放过程主要是植株和土壤的呼吸作用。作物光合作用主要是固定大气中的 CO_2，而大气中 CO_2 的浓度是一定的，不同的气候条件、栽培管理措施均会导致农作物碳蓄积量的变化；土壤固碳能力主要取决于外源碳输入的土地管理方式，土地管理方式的改变主要是通过改变耕作、施肥和灌溉方式；碳释放主要集中在土壤呼吸作用，影响土壤呼吸作用的大气因素主要有温度、湿度、压强、大气 CO_2 浓度，土壤本身因素主要有温度、湿度、孔隙度、微生物活性、有机碳储量和其他因素(植被类型、土壤覆盖度、灌溉、施肥、耕作)。大气因素一般很难受人为影响，土壤本身因素受人类管理措施影响较大。

1. 耕作方式

不同耕作方式对作物生长和环境的影响具有累积效应，深耕深松为作物生长发育和光合作用提供了良好的环境，为小麦高产奠定基础。在玉米田旋耕、深松和翻耕后，玉米生长环境得以改善，玉米叶片的酶活性增强了，延缓了叶片的衰老速度，从而延长叶片的功能期，其中翻耕比深松的效果要好，这两种耕作方式比旋耕下玉米产量分别增加20.1%和15.1%。而对翻耕、旋耕、免耕这三种不同耕作方式间冬小麦生长发育的研究发现，翻耕对小麦生长发育指标中的群体数、分蘖、株高及产量性状指标中的单株成穗数、成穗率、穗粒数有显著的影响，翻耕的产量为7 590.60 kg/hm^2，比旋耕每亩产量提高11.66%，比免耕每亩产量提高17.31%。小麦能否取得高产取决于其群体干物质积累量的多少，在成熟期，籽粒积累的干物质、氮素、磷素、钾素分别占总积累量的 43.31%~46.13%、75.14%~76.83%、75.79%~77.99%、12.37%~12.8%，小麦植株通过根系吸取的养分多少就显得十分重要了，而氮、磷、钾素是小麦生长所必需的大量元素，其吸收、积累和分配状况直接影响着小麦植株的生长发育、产量和品质的形成。而不同的耕作方式对植株干物质积累不同，可见耕作方式对小麦产量和品质产生重要的影响。合理的耕作方式能提高土壤有机物质的输入量，还可减少有机物质的分解矿化，从而增加土壤碳含量。翻耕条件下土壤质地比较疏松，加快了土壤中微生物的活动，增加了土壤的呼吸作用，而免耕条件下 CO_2 的排放通量就比较低，增加了土壤碳的储存量，且耕作扰动了土壤的团聚作用，提高了团聚体的周转速度，降低了对有机碳的保护作用。相关研究认为免耕能降低碳素以气体形式的排放，可能是由于免耕能够降低土壤孔隙度，从而减少了 CH_4 和 CO_2 的排放。孔凡磊等(2011)在对微生物量碳含量进行研究时发现，从小麦整个生育期的微生物量碳均值来看，旋耕条件下 0~5 cm 土层的含量比免耕降低了 6.1%，而 5~10 cm 土层旋耕比免耕增加了 20.7%。深耕条件下由于土壤的翻耕，土壤较疏松，碳的排放量大，达到 35.3 kg/hm^2，免耕较小只有 5.8 kg/hm^2。深耕深翻改善了土壤结构，加深了耕作层，提高了土壤的通透性，改善了作物根系生长发育的环境条件，有利于根系下扎去吸收土壤深层的水分，作物根系更加发达，促进了作物对水肥的吸收，从而提高其产量。

2. 施肥措施

有机肥料含有作物生长所需要的大量有机物质、大量和多种微量元素，能保持和提高土壤肥力、改善和活化土壤养分库容、促进水肥协调，提高农作物产量，有机物料还田再利用对土壤物理、化学和微生物特性都能产生积极的影响。施肥措施一方面可增加新的有机碳源，促进土壤中储碳量的增加；另一方面也因增加了有机碳含量，刺激了土壤微生物的生长和促进根系生长，增加了土壤呼吸速率。周怀平(2013)、解文艳(2011)研究得出秸秆还田具有显著的增产增收效果，其中秸秆过腹还田(粪肥)的增产增收效果最为明显。陈楠等(2011)

研究表明,冬小麦于返青期实施沼液还田可以显著促进干物质的积累,并显著提高产量。冯伟等(2013)研究表明,单施沼液时小麦产量低,基施沼液与追施尿素的施肥模式植株生长良好,产量提高。朱利群等(2012)对不同施肥条件下稻田土壤表层有机碳含量进行分析时发现,有机、无机配施的处理下,土壤碳含量的年变化量高于单施有机肥,而单施有机肥、有机无机配施和单施无机肥处理的碳含量年增加量相差甚远,前二者是后者的2倍和2.3倍。秸秆还田后团聚体也同样发生了变化,0~15 cm土层总的水稳性团聚体显著增加了15.65%,而15~30 cm土层增加了7.53%。孙星等(2009)对乌栅土及红壤性水稻土进行秸秆还田后研究其土壤肥力的变化,发现秸秆与化肥配施下,这两种性质的土壤有机质、全氮、全钾含量明显高于单施化肥或不施肥处理。

3. *灌溉方式*

作为影响小麦生长发育的主要因素,水分通过影响植物体内各种生理生化过程,最终以植株各器官生物量和产量的形式体现出来。不同的灌溉方式下土壤碳含量不同,灌溉对碳含量的影响主要表现在灌溉能改变土壤的温度、湿度及其通气性。韩琳等(2010)在灌溉方式对土壤碳含量的影响方面进行了为期10年的研究,该研究设置了三种灌溉方式,即沟灌、滴灌和渗灌,结果发现不同方式之间的差异很明显,沟灌模式下总碳含量和水溶性有机碳含量最高,微生物量碳的增加则在滴灌处理下最好,而渗灌不利于土壤中碳的积累。阎亭延等(2013)对这三种灌溉方式进行13年的定位试验也得出了同样的结论,渗灌处理下的微团聚体总碳含量明显低于滴灌和沟灌。滴灌和漫灌对棉田土壤碳排放和碳汇强度的影响均表现为滴灌显著大于漫灌。

1.2.5　不同有机物料还田在循环农业中的作用

有机物料还田是农业生态系统中对废弃物循环利用的最普遍的农田管理措施之一,它遵循循环农业的基本理念,以有机物料为农田生态系统中物质和能量的纽带,将有机物料还田,使废弃资源得到重复利用。这一措施不但合理循环利用资源,还减少经济投入,同时改善了土壤性状,避免了农业生产中作物产量降低。目前,关于农业有机废弃物资源化利用的研究由来已久,关于秸秆、有机废弃物的综合利用也开展了许多方面的相关研究。

1.2.5.1 不同有机物料还田对土壤理化性状的影响

农业有机废弃物蕴藏着巨大的资源,在提升地力、增加有机质含量、改良土壤耕作层结构等方面有着特殊的作用。将农业废弃物作为有机物料还田,能够使土壤有机碳含量明显提升,Lal(2004)指出,农业土壤具有非常大的固碳潜力,通过施加有机肥可增加固碳量 0.4 亿~1.5 亿 t。土壤有机质在农作物生长过程中起着至关重要的作用,它既为作物生长、微生物的生命活动提供能源和物质保证,又是土壤中氮素存在的主要场所。在维持农田生态环境稳定、保持农业的可持续发展中扮演着主要角色。相对于单施化肥,有机肥施入土中更能使土壤中有机质的含量有所提升,孙星等(2008)的试验认为秸秆还田能够使土壤腐殖质含量明显升高,改良土壤腐殖质质量,最终提升了土壤肥力。朱利群等(2012)研究发现,有机肥与无机肥一起加入农田,提高了土壤碳的年增加量,是仅施化肥的 2.3 倍。王艳(2010)的研究发现,长期施用有机物料不仅会提升土壤含碳量,还会影响其在土壤剖面中的分布,影响深度达 1 m,同时长期秸秆还田也会提升土壤碳库指数。

土壤是农业生态系统中氮循环的关键环节,通过和大气及水体环境进行繁复的交换,维持系统中养分的循环。现阶段我国是氮肥施用量最大的国家,但是氮肥平均利用率只有 30%~41%。朱利群等(2012)的试验结果表明,在一定范畴内,增加粪便等有机肥的施用量,能使作物对氮素的吸收量增加。乔旭(1997)的研究结果发现,不同有机物料的施用可显著提升土壤的碱解氮含量。杨宪龙(2013)在 4 年定位试验的基础上得出,实施秸秆还田,使小麦的氮素吸收率和氮肥利用率分别增加了 13%和 26.2%。

有机物料还田对农田土壤有一定的覆盖作用,对抑制土壤水分蒸发、降低麦田耗水量有积极作用,有优良的保水保墒效果。王昕等(2009)通过试验证明,秸秆还田较不还田处理,其水分利用效率增幅达到 19%~30.4%。王爱玲等(2000)认为,秸秆还田的保水效果与土层深度、土壤温度有关:秸秆还田可明显提高土壤0~40 cm土层的含水量,对土壤剖面水分的影响范围可达2 m,但其保水效果会随着土壤深度的增加而减小,且土壤温度对保水效果也有一定影响。张忠学(2004)的研究表明,秸秆覆盖在低温的情况下保水保墒效果会不显著。有机物料还田与化肥配合施用,可以调控土壤水分,促进水肥耦合作用,对于提高土壤肥力水平有明显的作用。

1.2.5.2 不同有机物料还田对作物生理特性及作物产量的影响

施加肥料是控制作物生长发育的一项重要举措,改变施肥模式能使植物体内微生态环境发生差异,使植株的生理及代谢特征发生变化,进一步影响作物整体的生长发育。土壤肥力的高低和施肥情况对小麦的生长起着调控作用,无论施加有机肥或者无机肥均可促进小麦群体数量的增加,减缓小麦旗叶衰老,使作物产量升高。通过对大田环境下小麦根系生长的影响因子研究发现,氮肥在促进作物根系在土层的生长上有积极作用。段红光(2013)研究表明,增加有机肥施用对提高小麦植株的群体数量有益,同时可以提高小麦分蘖成穗的概率,提升作物的收获指数。适量施氮肥能增加作物产量,同时施加有机肥能显著增加小麦产量,提高作物水分利用率;而过量施氮对增产无显著的效果,相反会大量浪费氮肥资源,造成环境污染。胡玮(2011)研究证实,同时施用有机肥和化肥对提升麦田作物产量和土壤养分有明显效果,并且有机与无机肥配合施用功效较优异,秸秆还田、牛粪还田与化肥配施显著优于其他组合。

隋鹏(2011)的试验对添加有机物料处理下小麦叶片的相对叶绿素含量(SPAD)值进行了测定,得出小麦全生育期叶片SPAD值均表现为:有机肥与化肥配施>秸秆与化肥配施>化肥,可以看出有机肥和秸秆的还田施用能够不同程度地提升叶片的SPAD值,同时得出有机肥与化肥配施和秸秆与化肥配施均比仅用化肥的处理能够使产量增高,说明有机与无机肥配合施用可以增加农作物产量,同时还对生态环境有保护效力。张久明等(2014)认为秸秆还田和施加有机肥处理能够使植株叶片的光合速率和蒸腾速率有显著的改变。有学者(2011)对有机物中氮替代无机氮的条件下氮素的利用进行了试验,试验结果发现植株氮素利用率随着有机氮施加量的增加而降低，但是有机氮肥与无机氮肥不同，它具有供肥持久的特点，施入的氮素并未流失，在之后种植的作物需要时仍会逐步释放。另有研究结果表明，添加有机物循环处理下的水稻植株体内碳、氮含量及储量都高于无有机物处理，可见有机养分在植株生长过程中能促进植株对碳、氮的同化与吸收。

1.2.5.3　不同有机物料还田对温室气体排放的影响

温室气体是导致全球气候变暖的元凶，一般认为 CO_2、CH_4、N_2O 是大气中最主要的三种温室气体。农田管理措施以及外源有机物的施用都会对土壤温室气体排放造成改变。

农田生态系统的 CO_2 排放首要来源是土壤呼吸，每年由土壤排入大气的 CO_2 约有 15%。很多研究者认为，温度对排放量的影响最大，陈述悦等(2004)认为土壤温度与土壤呼吸之间呈明显的指数关系。耕作对土壤呼吸也具有显著影响，钱美宇(1999)的试验结果表示，免耕具有降低 CO_2 土壤排放量的作用。秸秆还田条件下，秸秆在不断分解的过程中会释放 CO_2，导致土壤 CO_2 排放的增加。一般情况下，土壤呼吸主要指土壤微生物呼吸与作物根系的呼吸，宋利娜等(2013)研究表明，土壤 CO_2 排放的来源 85%~90%是土壤微生物活动，根系呼吸约占 15%。施加有机肥是改变土壤中微生物活性及数目的主要因素之一，关于不同施肥方式的影响目前国内外研究较为一致，认为施加有机肥对土壤温度、土壤结构及土壤微生物活性都有显著影响，进而影响土壤 CO_2 排放。但是董玉红等(2007)研究认为，施肥水平对土壤 CO_2 排放的作用较小，其主要影响因素为土壤温度和水分。

目前，学者的研究发现，稻田与天然湿地是 CH_4 的主要排放源，土壤中的微生物在厌氧环境下，将土壤有机碳逐步降解形成 CH_4，故而通气状况良好的土壤是 CH_4 最大的吸收汇。李琳等(2006)试验认为，秸秆还田能够使土壤 CH_4 排放量升高。董玉红等(2007)亦得出了相同结果，认为有机肥还田削弱了土壤对 CH_4 的吸收，促进 CH_4 的排放。无机肥料的施用水平、种类等对土壤中 CH_4 的氧化能力作用较大。有研究认为，无机氮肥的施加使土壤对大气中 CH_4 的氧化吸收能力受到抑制。长久施用无机氮肥不仅改变了土壤微生物的种类与数量，同时会对土壤微生物的活性产生一定水平的影响,进而削弱土壤中微生物对大气 CH_4 的氧化速率,促使 CH_4 净排放量增加。

N_2O 主要产生于硝化和反硝化过程,农田中所使用的氮肥是其最主要的氮源,与 CO_2 相比,大气中 N_2O 浓度低、增长率小,但其百年增温潜势却是 CO_2 的 296 倍,是 CH_4 的 13 倍。施肥对土壤 N_2O 排放有影响,肥料施用量的增加能够促进生物固氮量的增加,是土壤中微生物活动所需氮源的主要提供者。随着氮肥施用量的增加,N_2O 的产生量增加。时元智等(2009)的研究表明,施氮处理下紫云英 N_2O 排放量显著高于不施氮肥处理。秸秆还田使麦田 N_2O 排放所造成的综合温室效应提升,而猪粪代替化肥能减少 N_2O 的排放。Laura 等(2008)的研究认为,有机物料代替氮肥施加能够减少土壤 N_2O 的排放。邹建文等(2003)的研究发现,有机物料在不同程度上增加了 N_2O 的排放。因此,有机物料还田后对土壤 N_2O 排放情况的作用及影响因素还需要深化探究。

1.2.6　生态系统服务价值及生态足迹的研究现状

生态系统服务功能是指为人类的生存与发展提供所需资源的自然生态系统直接或间接产生的所有生态系统产品和服务。联合国千年评估项目认为生态系统服务功能是指人类从生态系统获得的效益,包括供给服务、调节服务、文化服务和支持服务,其中支持服务是其他生态系统服务产生的基础。因为它的服务性质,长期以来,人们考虑较多的是农田为人类提供食物等造成的直接经济价值,该系统的其他生态服务如调节气候、土壤修复等一系列无法直接被市场表达的服务价值,往往会被人们所忽视,这严重影响了人类发展的可持续性。因此,为科学地核算生态系统所提供的产品与服务,提出生态系统服务价值这一概念,将生态系统服务功能进行“货币化”,以此来对某个特定系统进行分析估算。

我国对生态系统服务价值的研究尚处于万里长征第一步,目前,对于生态系统服务价值的评估途径主要有两种,一是基于 Costanza 等研究的基准值进行参数修正,二是基于影子价格法、替代成本法、享乐价格法等环境经济学方法开展。如谢高地等(2001)用前者对草地生态系统服务价值进行了修正,计算了全国草地生态系统每年的服务价值。李海涛等(2005)利用影子价格法对自然生态系统服务价值进行了计算,计算结果显示,所试验山段生态系统服务价值达 6.32 亿元。近年来,在国内外学者的不断努力下,对农业生态系统服务价值的相关研究也有了巨大突破。

农业对生态资源的占用表现为生态(耕地、水域、能源)足迹,具体可以分为碳足迹、氮足迹、水足迹。生态足迹将农业生产中的各种活动效应量化,是合理评估资源利用与农业产出的基础。据研究,1990—2000 年,农业生态足迹年增长率为 5.16%,农业在中国所有产业中对生态资源的占用比例最高,达到 63.7%~68.5%。

碳足迹是对各类生产活动(机构、个人、产品)过程引起的直接或间接的 CO_2 排放量的集合。它从生命周期的角度出发,分析不同尺度下生产活动导致的碳排放过程。农业生产过程中不可避免地会产生碳排放。随着科学技术的发展,农用化学品及能源的投入量不断加大,造成碳排放量不断增加,同时作物收获、动物粪便排泄等也会导致碳的排放。农业生产产生的温室气体排放对全球气候问题的影响不可忽视,开展对农业生产碳足迹的研究是十分必要的。目前,国内对碳足迹的研究多以大尺度研究为主,张永华(2012)根据 IPCC 方法学对邯郸市 2007—2010 年农业生产过程中的碳足迹进行了计算,结果表明邯郸市总的碳足迹在逐年减少。史磊刚等(2011)从农民基础数据出发,利用碳足迹理论和计算方法,对华北平原小麦-玉米两熟种植模式的碳足迹进行了评价。

农产品的生产水足迹是指区域尺度内生产该产品所需要的水资源的数量。这里的水资源包含“蓝水”“绿水”及“灰水”。“蓝水”多指传统的水资源,包括土壤含水层的地表水以及地下水;“绿水”为自然降下的雨水下渗到土壤层中用于植物发育、以蒸发形式进入大气的水资源;“灰水”是稀释该区域污染物所需要的水量。中国水足迹的研究尚处于起步阶段,轩俊伟(2014)使用彭曼公式并结合 CROPWAT 软件计算了 2011 年新疆 13 个区域农作物的生产水足迹利用状况。于成

(2013)使用粮食生产虚拟水的算法,基于 CROPWAT 软件的计算构架,对山东省 2011 年主要农作物冬小麦、夏玉米生产的虚拟水及其水足迹做了分析计算。目前在水足迹评价中,其出发角度、参数选择和计算方式尚不统一,还未形成统一的计算结构。

现阶段农田无机氮肥的投入量与吸收量不成正比,大多数施入农田中的氮素不能全部被作物或土壤吸收利用而以各种活性氮的形态释放到大气中,酿成环境中的活性氮总量急速升高。据科学家估算,人类生产活动所造成的活性氮排放量已经远远高于自然界生物的固氮量。据资料记载,17 世纪 60 年代人类总的活性氮排放量约 15 Tg(N)/a,到 1990 年,人类生产活动排放的活性氮总量达到 140 Tg(N)/a,近乎增长了 10 倍。数量巨大的活性氮排放到大气中,破坏了生态系统的氮素平衡,并导致了严重的环境污染。氮足迹就是为了量化评价人类的生产生活方式造成的活性氮排放对环境的影响而提出的。目前,氮足迹还没有公认的定义,学者们都在对其进行尝试性分析。Xue 等(2010)从生命周期的角度对当地主要农作物与畜禽产品的氮足迹进行了评价,Galloway 等(2012)开发了个人、家庭及国家等尺度的氮足迹计算模型(N-PRINT)。Leach(2013)设计研发了首例机构氮足迹模型(N-Institution),对学校机构的氮足迹进行了估算。李玉炫等(2013)利用 Galloway 模型,改善后对广州城镇居民的食物氮足迹进行了计算。周涛等(2014)对 N-Calculator 模型进行了修正,并对广东省的农业氮足迹进行了核算与研究。Aneja 等(2012)运用模型分析了印度种植业和养殖业的活性氮(NH_3 和 N_2O)的排放情况。

1.3　研究目的与意义

农业在中国素来被称为是国家安定、人民富足的压舱石,作为一个拥有 14 亿多人口的发展中农业大国,降低农业能源投入品消耗、实现农业废弃物再利用,是促进农业可持续发展的重大措施。综上所述,关于秸秆直接还田、有机物料还田对土壤地力、作物生理性状以及生长环境影响的研究有很多,但是对有机物料还田和减氮施肥共同处理下麦田生态系统的碳、氮、水足迹及生态系统服务价值估算的研究较少。因此，弄清有机物料投入对植株生理特性及麦田碳、氮、水动态变化情况的影响，对加强农业废弃物的有效循环利用，提高麦田碳、氮、水的利用效率，实现农田生态系统高效、环保、科学的生产具有重要的意义。

玉米秸秆含有大量的有机质、氮、磷、钾等营养元素，通过秸秆还田能起到蓄水保墒、培肥地力、节本增效、提高农作物产量的作用。通过对秸秆直接还田或间接还田后对土壤碳储量、土壤呼吸以及土壤碳库变化的研究发现，土壤碳库动态平衡显著受到作物营养和土壤管理的影响。虽然关于秸秆还田以及施用有机物培肥土壤方面的文献很多，但是对华北地区多种秸秆还田方式对麦田土壤的培肥效果及小麦生长影响的研究较少。

我国对生态系统服务价值的研究目前尚处于起步阶段，研究对象涉及森林生态系统、草地生态系统、湿地生态系统、城市绿地系统等。谢高地(2001)在参照 Constaza 方法的基础上，利用生物量指数对各类草地生态系统服务价格进行了订正，计算出我国草地生态系统的年服务价值为 $1\ 498\times10^8$ 美元；邓立斌(2011)认为湿地生态系统主要应包括气候调节、物质生产、涵养水分及净化水质、蓄洪减灾、培肥土壤、保护环境、休闲娱乐、文化科研等服务功能；陈芳(2006)认为城市绿地生态系统服务功能包括固定 CO_2、释放 O_2、蒸腾吸热、减少污染物、滞尘、减噪等方面。近年来，在汲取国外学者及相关领域研究成果的基础上，国内对耕地资源生态系统服务价值的研究也有所突破。

因此，弄清深耕和秸秆还田下减量施肥后农田土壤碳储量、水氮利用效率，对改善土壤结构、减少氮素损失、增加农田土壤固碳能力，提高碳、氮利用率，实现农田生态系统中碳、氮良性循环具有重要的意义。本书研究将针对资源短缺且循环利用不够、产业结构不合理、农业可持续发展能力不足等突出问题，在河南省小麦-玉米两熟区，深耕和不同秸秆还田方式及减量施肥条件下，从土壤-小麦生态系统碳储量、氮利用的角度，科学地探讨碳、氮动态变化规律，以提高农田碳、氮利用效率和产量效益，维持农田生态系统中碳、氮的良性循环，促进农业环境的可持续发展。

第 2 章　材料与方法

2.1　试验设计

本试验于 2013—2015 年在河南省新乡市获嘉县前李村高产田进行，前茬作物为玉米。试验地土壤为黏壤土，肥力水平较高。

供试小麦（*Triticum aestivum* L.）为半冬性品种“百农矮抗 58”（河南科技学院提供）。试验采用大区对比设计，设单施纯氮 162 kg/hm^2（CK，对照）、秸秆直接还田+纯氮 135 kg/hm^2（J，纯氮较 CK 总氮减量 10%）、秸秆过腹还田+纯氮 121.5 kg/hm^2（F，牛粪 45 m^3/hm^2，纯氮较 CK 总氮减量 15%）、秸秆发酵还田+纯氮 121.5 kg/hm^2（Z，沼液 60 m^3/hm^2，纯氮较 CK 总氮减量 15%）。同时基施 P_2O_5 120 kg/hm^2、K_2O 180 kg/hm^2、$ZnSO_4$ 22.5 kg/hm^2、硫肥 60 kg/hm^2；第二年拔节期追施纯氮 108 kg/hm^2。

施入的有机物料和播前土壤的养分含量见表 2-1。

表 2-1　施入的有机物料和播前土壤的养分含量（2013 年 10 月）

处理	有机碳/(g/kg)	全氮/(g/kg)	全磷/(g/kg)	速效钾/(mg/kg)
秸秆		9.85	4.53	
牛粪	17.74	16.48	7.62	323.2
沼液	2.45	0.50	0.31	216.54
播前土壤	17.33	1.23	1.35	243.22

试验采用大区对比设计，每小区面积 138 m^2（6 m×23 m）。2013—2014 年度，于 2013 年 10 月 6 日播种，2014 年 6 月 1 日收获。2014—

2015年度，于2014年10月17日播种，2015年6月5日收获。小麦的种植密度为225万株/hm^2，正常田间管理。

于小麦返青期、拔节期、开花期、灌浆期、成熟期五个生育时期取土壤和小麦植株样品。

田间土样的采集采用Bolinder等方法进行取样，即用土钻（钻头直径为8 cm，长10 cm）采集土壤样品，每个处理重复3次，并分为2组。其中一组土壤装在铝盒中烘干用于测定含水量；另一组土壤自然风干后过1 mm筛子，4 ℃保存，用于土壤有机碳、酶活性、全氮含量的测定。

采取植株地上和地下部分样品，用于干物质量和全氮含量的测定。

取土深度分别为：土壤酶活性（脲酶、蔗糖酶）的测定深度为0~20 cm、20~40 cm；有机碳、含水量、全氮的测定深度为0~20 cm、20~40 cm、40~60 cm、60~80 cm、80~100 cm。

麦播整地前取耕作层土带回实验室进行土壤养分的测定；小区分层取土带回实验室进行含水量、有机碳、酶活性、全氮含量的测定。

越冬期测定指标：群体数，取样测定干物质、植株氮素含量，叶绿素，土壤呼吸。

返青期测定指标：群体数，取样测定干物质、植株氮素含量，叶绿素，叶绿素荧光，土壤呼吸；取土测定有机碳、全氮、土壤含水量、酶活性（脲酶、过氧化氢酶）。

拔节期测定指标：群体数，取样测定干物质、植株氮素含量，叶绿素，叶绿素荧光，旗叶光合速率；取土测定有机碳、全氮、土壤含水量、酶活性（脲酶、过氧化氢酶）。

开花期测定指标：群体数，取样测定干物质、植株氮素含量，叶绿素，叶绿素荧光，旗叶光合速率，叶面积指数；取土测定有机碳、全氮、土壤含水量、酶活性（脲酶、过氧化氢酶）。

灌浆期测定指标：叶绿素、叶绿素荧光、旗叶光合速率、叶面积指数、土壤呼吸、温室气体排放。

成熟期测定指标：取土测定有机碳、全氮、土壤含水量、酶活性（脲酶、过氧化氢酶）。另外进行考种和测产，考种测定穗长、千粒重、穗粒数、亩穗数、可孕小穗数、不孕小穗数、产量等。测定植株形状并取植株样品待测植株与籽粒全氮量。

2.2　测定方法

2.2.1　土壤肥力基础

麦播整地前采集土壤样品，并测定其样品（有机质、全氮、全磷、速效钾）养分含量。养分的测定：有机质采用重铬酸钾容量法-稀释热法，全氮含量采用半微量凯氏定氮法，全磷含量采用 H_2SO_4-$HClO_4$ 消煮钼锑抗比色法，速效钾含量采用醋酸铵浸提-火焰光度法。

2.2.2　土壤性状的测定

2.2.2.1　土壤酶活性的测定

1. 脲酶活性

采用苯酚-次氯酸钠比色法测定。称取 2.5 g 自然风干土于 25 mL 三角瓶中，加 0.5 mL 甲苯溶液，15 min 后加 5 mL 10%尿素溶液和 10 mL 柠檬酸盐缓冲溶液（pH = 6.7），混匀置入 37 ℃恒温箱培养 24 h，过滤，取滤液 1.5 mL 移入 25 mL 刻度管中，加 2 mL 苯酚钠溶液、1.5 mL 次氯酸钠溶液，摇匀。显色 20 min 后定容，于 1 h 内在 578 nm 波长处用分光光度计进行比色，3 次重复。脲酶活性以 1 g 干土中 NH_3-N 的质量（mg）表示，单位 mg/g。按式（2-1）进行计算：

$$\text{脲酶活性} = a \times v \times \frac{n}{m} \tag{2-1}$$

式中　a——由标准曲线求得的 NH_3-N 浓度，mg/mL；

v——显色液体积（25 mL）；

n——分取倍数；

m——风干土重，g。

2. 蔗糖酶活性

采用 3,5-二硝基水杨酸比色法测定。称取 2.5 g 自然风干土样于三角瓶中，设置空白对照，加入 7.5 mL 8%的蔗糖溶液，2.5 mL 磷酸缓冲液(pH=5.5)和5滴甲苯,摇匀。放入37 ℃恒温箱培养24 h,取出后迅速过滤,吸取0.5 mL滤液,注入25 mL刻度管中,加1.5 mL 3,5-二硝基水杨酸,沸水加热5 min,随即移至自来水流下冷却3 min,定容,在分光光度计上于508 nm波长处进行比色,2次重复。蔗糖酶活性以24 h后1 g干土中葡萄糖的质量(mg)来表示,单位mg/g,按式(2-2)进行计算:

$$蔗糖酶活性 = a \times v \times \frac{n}{m} \tag{2-2}$$

式中 a——由标准曲线求得的葡萄糖浓度,mg/mL;
v——显色液的体积(25 mL);
n——分取倍数;
m——风干土重,g。

2.2.2.2 土壤呼吸速率的测定

土壤呼吸速率从2013年10月小麦播种后开始进行采样,其中秋季和春季小麦返青后每10 d测定1次,冬季每月进行1次测定,6月1日小麦收获后结束。每次测定从早上8点开始,用EGM-4便携式土壤呼吸仪每2 h采样1次。

2.2.3 植株生长及光合生理特性的测定

2.2.3.1 小麦群体数量和叶面积指数的测定

在三叶期选择生长均匀的1 m双行进行定苗,3次重复,在该区内于小麦的不同生育期进行群体数量的测定。

叶面积指数用Sunscan植物灌层分析仪于小麦开花期、灌浆期、成熟期,选择晴朗无风的天气于上午9:00—12:00进行测定,5次重复。

2.2.3.2 小麦叶片叶绿素的测定

用日产SPAD-502型叶绿素仪,分别于越冬期、拔节期、抽穗期、开花期、灌浆期进行测定。计算其平均值,叶绿素含量以SPAD值表示。

2.2.3.3 小麦旗叶叶绿素荧光参数的测定

用PoketPEA叶绿素荧光仪于拔节期、开花期和灌浆期选一晴朗的上午9:00—12:00对旗叶荧光参数进行测定,5次重复。

2.2.3.4　小麦旗叶光合速率的测定

于小麦拔节期、开花期和灌浆期对小麦旗叶进行光合速率的测定，采用便携式光合测定系统于上午 9:00—12:00 进行测定，5 次重复。

2.2.4　土壤-小麦系统水分的测定

2.2.4.1　土壤含水量的测定

土壤含水量采用烘干称重法进行测定。将各耕层鲜土放入铝盒，做好标记，2 次重复，放入 85 ℃烘箱，烘至恒重，称量铝盒和干土的总质量，最后测定铝盒的质量，并按式(2-3)计算土壤含水量：

$$w = \frac{w_1 - w_2}{w_2 - w_0} \tag{2-3}$$

式中　w——土壤含水量(%)；

w_1——湿土+盒重，g；

w_2——干土+盒重，g；

w_0——铝盒的重量，g。

2.2.4.2　小麦水分利用效率测定

水分利用效率[WUE，kg/(hm^2 · mm)] = 单位面积籽粒产量 / 耗水量　(2-4)

其中，耗水量为播种与收获时土壤水分的差值加上生育期的灌水量和降雨量。

灌水利用效率[IUE，kg/(hm^2 · mm)] = 单位面积籽粒产量 / 灌水量　(2-5)

2.2.4.3　小麦生产水足迹估算

农业生产水足迹为生产中“蓝水”“绿水”“灰水”的总和，计算生育期内小麦土壤的耗水量及降水量，确定农业生产的“绿水”足迹；农业生产“蓝水”足迹以灌溉水量计；农业生产“灰水”足迹为稀释作物生育期污染物所需要的水量（本书在计算“灰水”足迹过程中，仅以氮肥纯量折算污染，未考虑农药对水质的影响）。计算式为：

$$WFcrop = Wcon/100Y = WFgreen + WFblue + WFgrey \tag{2-6}$$

式中　WFcrop——作物生产水足迹，m^3/kg；

Wcon——作物生育期耗水量，mm；

Y——作物产量，kg/hm^2；

WFgreen、WFblue、WFgrey——“绿水”“蓝水”“灰水”足迹，m^3/kg；

100——单位换算系数。

2.2.5 土壤-小麦系统氮素的测定

2.2.5.1 土壤全氮含量的测定

称取自然风干土样0.5 g，放入50 mL三角瓶中，加入0.5 g催化剂、5 mL H_2SO_4；在瓶口放上弯颈漏斗，在温控消化炉上消煮，先调至80~90 ℃，待温度升至110~130 ℃，保持溶液微沸；待样品黑色褪去，变成白色或灰白色，溶液颜色为浅绿色即可；取出冷却，将消化液转移至50 mL刻度管中，定容，静置，取上清液，用连续流动分析仪进行测定。土壤全氮含量按式(2-7)进行计算：

$$全氮含量(g/kg) = c \times 50/m/1\,000 \quad (2\text{-}7)$$

式中　c——连续流动分析仪标准曲线中所得的氮的浓度，mg/L；

50——样品消化定容后体积，mL；

m——样品质量，g；

1 000——换算系数。

2.2.5.2 植株全氮含量的测定

植株样品烘干、粉碎后称取0.1 g放入消化管中，加入0.5 g催化剂和5 mL浓H_2SO_4，在消化管口放上弯颈漏斗静置，在消化炉上加热，小功率保持管内微沸状态，待消化炉温度上升至420 ℃后持续消化30 min。待炉温降低后，取下消化管冷却，将消化液转移至50 mL刻度管中定容，静置，取上清液，用连续流动分析仪进行测定。计算方法同土壤全氮含量的测定方法一致。

2.2.5.3 土壤硝态氮含量的测定

土壤硝态氮含量的测定方法为紫外分光光度法(双波长比色)。

2.2.5.4 土壤碱解氮含量的测定

土壤碱解氮含量采用碱解扩散法。

2.2.5.5　植株氮素利用效率的分析

为分析有机物料还田后的氮素利用效率，计算了植株总氮素积累量、氮素偏生产力、氮素利用效率，如下式所示：

植株总氮素积累量(total nitrogen accumulation amount，TNAA，kg/hm^2) = 成熟期单株干重(g) × 成熟期单株含氮量(%) × 密度($10^4/hm^2$)/1 000　(2-8)

氮素偏生产力(nitrogen partial factor productivity，NPFP，kg/kg) = 籽粒产量(kg/hm^2)/ 施入氮量(kg/hm^2)　(2-9)

氮素利用效率(nitrogen utilization efficiency，NUE，kg/kg) = 籽粒产量(kg/hm^2)/TNAA(kg/hm^2)　(2-10)

2.2.5.6　小麦氮足迹的估算

农业氮足迹可表述为：在一定经济技术条件下，为完成农业产品在其生产、运输、储存以及消费过程中直接或间接排放的活性氮的总和。目前，还未有明确的农业生产氮足迹的运算模型，本书根据周涛等(2014)的计算方法，从生产氮足迹和输出氮足迹两方面对试验地的氮足迹进行估算。前者包括投入生产资料(以种子、化肥、有机肥的活性氮含量计)、机械能源消耗[以播种、整地、收获以及有机物料的运输消耗柴油量的活性氮(NO_X、N_2O)含量计]以及自然挥发氮(以温室气体挥发测定的 N_2O 计)；后者通过计算农作物收获时经济产量以及秸秆产量所含的活性氮量而得出。有效利用水平为输入系统中的氮素成为农产品的比率，如下式所示：

$$NFse = A_s \times A_i \times N_s \tag{2-11}$$

$$NFfe = T_f \times N_f \tag{2-12}$$

$$NFen = NF(NO_X) + NF(N_2O) \tag{2-13}$$

$$NF(NO_X) = EC \times EFH \times c_1 \tag{2-14}$$

$$NF(N_2O) = EC \times EFM \times c_2 \tag{2-15}$$

式中　NFse——种子氮足迹；

NFfe——肥料氮足迹；

NFen——机械能源氮足迹；

A_s——小麦种子的单位面积用种量；

A_i——小麦播种面积；
N_s——小麦种子的含氮量；
T_f——肥料的施用量；
N_f——肥料的含氮量；
NF(NO_X)——NO_X 氮足迹；
NF(N_2O)——N_2O 氮足迹；
EC——柴油消耗量；
EFH——柴油以 NO_2 计的 NO_X 的排放因子(31 kg/t)；
c_1——NO_X 的含氮量，取值 0.304；
EFM——柴油的 N_2O 排放因子(25.59 g/t)；
c_2——N_2O 的含氮量，取值 0.727。

2.2.6 土壤-小麦系统碳素的测定

2.2.6.1 土壤有机碳含量的测定

有机碳含量的测定采用稀释热法。称取 0.5 g 土样于 500 mL 三角瓶中，加入 10 mL 1.0 mol/L($1/6K_2Cr_2O_7$)溶液，混合均匀后，加入 20 mL 浓 H_2SO_4，缓慢转动 1 min，放置 30 min，稀释至 250 mL，加三四滴邻菲啰啉指示剂，用 0.5 mol/L $FeSO_4$ 标准溶液滴定，溶液颜色由绿色变为暗绿色，直至生成砖红色沉淀。同时设置空白对照。记取 $FeSO_4$ 滴定毫升数(v_0)，2 次重复，取其平均值。土壤有机碳含量按下式进行计算：

$$\text{土壤有机碳含量(g/kg)} = [c \times (v_0 - v) \times 0.001 \times 3.0 \times 1.33/m] \times 1\,000 \tag{2-16}$$

式中 1.33——氧化校正系数；
c——0.5 mol/L $FeSO_4$ 标准溶液的浓度；
v_0——空白滴定所耗 $FeSO_4$ 体积，mL；
v——样品滴定所耗 $FeSO_4$ 体积，mL；
m——风干土样的质量，g；
3.0——1/4 碳原子的摩尔质量，g/moL；
0.001 和 1 000——将 mL 换算成 L、g 换算成 kg 的换算系数。

2.2.6.2　小麦植株干物质的测定

干物质量的测定采用烘干法。在小麦主要生育期中，在不同小区随机取 20 秆有代表性的植株，2 次重复，分为地上、地下两部分，依次用自来水、蒸馏水洗净后，装入牛皮纸袋中，放入烘箱中 105 ℃杀青 0.5 h，85 ℃烘至恒重，测定其干物质量。

2.2.6.3　小麦生产碳足迹估算

农业生产碳足迹指农业生产中碳的汇与源的差值。本书根据张永华等(2012)建立的农业生态系统碳足迹的计算模型，分别计算出碳吸收及碳排放的量，再求二者的差值，最后得出碳足迹数值。碳足迹计算式为：

$$\left.\begin{aligned} N_c &= C_t - E_t \\ C_t &= C_f \times Y_w / H_i \\ E_p &= J_p \times F_p \\ E_f &= G_f \times A_n \\ E_m &= (A_m \times F_m) + (W_m \times G_m) \\ W_m &= D_m \times F_d \\ E_i &= A_i \times F_i \\ E_t &= E_p + E_f + E_m + E_i + E_r \end{aligned}\right\} \tag{2-17}$$

式中　N_c——碳足迹；

C_t——碳吸收；

E_t——碳排放；

C_f——作物碳吸收率；

Y_w——作物经济产量；

H_i——作物经济系数；

E_p——农药碳排放；

J_p——农药施用量；

F_p——农药的碳排放因子；

E_f——化肥碳排放；

G_f——化肥施用量；

A_n——化肥的碳排放因子；

E_m——农业机械碳排放；

A_m——作物种植面积；

W_m——农业机械的总动力；

F_m、G_m——排放因子；

D_m——柴油消耗量；

F_d——转换系数；

E_i——灌溉碳排放；

A_i——灌溉面积；

F_i——排放因子；

E_r——麦田碳排放，由土壤呼吸数据估算。

生产过程中各部分碳排放参数为化肥 1.74 kg/kg、农药 6.3 kg/kg、机械耕作 0.94 kg/kg、灌溉 0.25 kg/(kW · h)。

2.2.6.4　小麦农田生态系统碳收支估算

假定小麦籽粒和秸秆中的碳在收获期间没有从农田中转移走，则小麦农田生态系统碳收支（净生态生产力，NEP）由 NPP（净初级生产力）和 R_s（土壤呼吸包括土壤异养呼吸和土壤微生物呼吸速率）决定：

$$\text{NEP} = \text{NPP} - R_s \tag{2-18}$$

采集某一时段内的地上和地下生物量，两次采样间的质量差即为该时段内的净初级生产力：

$$\text{NPP} = \Delta B/\Delta D \tag{2-19}$$

式中　ΔB——两次采样的生物量质量差，g(C)/(m^2 · d)；

ΔD——两次采样的间隔天数。

NEP 为正值时，表示系统是大气 CO_2 的吸收“汇”；反之为大气 CO_2 的排放“源”。为直接对土壤呼吸作用释放的碳和 NPP 吸收的碳进行比较，本书研究假定小麦植株的碳含量为 485 g/kg。

2.2.7　生态系统服务价值估算

2.2.7.1　农产品服务价值

农产品服务价值的计算采用市场价值法，如式（2-20）、式（2-21）

所示：

$$农产品服务价值 = 经济产量 \times 市场价格 - 生产成本 \quad (2-20)$$

$$生产成本 = 生产资料 \times (种子投入 + 化肥投入 + 农药投入) + 机械投入 + 劳动力成本 \quad (2-21)$$

其中，小麦价钱以 2.4 元/kg 计，化肥投入以氮 4.4 元/kg、P_2O_5 5.0 元/kg 和 K_2O 5.2 元/kg 计，种子以 5 元/kg 计，劳动力及生产服务投入以 5 177 元/kg 计。

2.2.7.2　积累有机质功能价值

积累有机质功能价值采用有机质持留法，把有机质物质量进行量化，运用机会成本法将土壤有机质持留量价值化，对有机质功能价值进行计算，有机质成本以薪材转换价格计，如式(2-22)所示：

$$V = S \times T \times \rho \times \mathrm{OM} \times P \quad (2-22)$$

式中　S——单位作物种植面积，hm^2；

T——表层土壤厚度(20 cm)；

ρ——土壤容重，g/cm^3；

OM——土壤有机质含量，g/kg；

P——有机质价格，元/t。

2.2.7.3　净化环境价值

本试验用有机肥价格来替代畜禽粪便的处理成本，菌渣饲料价格来替代食用菌渣的处理成本，由此来计算耕地消解固体废物价值，如式(2-23)所示：

$$V = B \times E_p \times N \times P \quad (2-23)$$

式中　V——耕地净化环境的价值，元/hm^2；

B——作物经济产量，kg/hm^2；

E_p——单位经济产量需氮量(%)；

N——有机物料含氮量(%)；

P——有机物料的价格，元/t。

2.2.7.4　涵养水分价值

涵养水分的功能价值运用影子工程法。其计算式为：

$$V = W \times C \quad (2-24)$$

式中　V——农田涵养水分价值,元/hm^2;

W——单位面积农田蓄水量,t/hm^2;

C——水库蓄水成本,0.67 元/t。

2.2.7.5　气候调节价值

根据光合作用方程估算出固定 CO_2 的物理量,最后采用 CO_2 的市场交换价值计算固碳价值。其计算式为:

$$V_c = Q \times E_c \times F_c \times P_c \tag{2-25}$$

式中　V_c——固碳价值;

Q——作物生物量;

E_c——固碳系数,取 1.63;

F_c——纯碳折算系数,取 0.279;

P_c——固碳成本,642.85 元/t。

作物的释氧价值采用工业制氧影子价格法计算,其计算式为:

$$V_o = Q \times E_o \times P_o \tag{2-26}$$

式中　V_o——制氧价值;

Q——作物生物量;

E_o——制氧系数,取 1.2;

P_o——制氧成本,元/t。

2.2.8　小麦测产及考种

在成熟期于每小区随机选取 1 m^2 测定籽粒产量,以每穗小麦籽粒在 5 粒以上的麦穗为有效穗,折合成公顷有效穗数。同时随机选取 40 秆植株连根取出,按比例选取完整植株进行室内考种,调查其结实小穗数(个)、穗粒数(个)、千粒重(g/1 000 粒)。

2.3　数据处理

应用 Excel 2010 软件对试验数据进行处理分析与作图,并用 DPS7.05 软件对试验数据进行统计分析、方差分析。多重比较均为 Ducan 法。

第 3 章　不同有机物料还田对麦田土壤理化特性的影响

3.1　土壤酶活性

3.1.1　土壤脲酶活性

脲酶能将尿素(脲)分解为 NH_3 和 CO_2,参与土壤氮素的分解转化,为植物和微生物生长提供氮源。不同秸秆还田方式下麦田土壤脲酶活性的变化(2013 年)如图 3-1 所示,由图 3-1 可知,土壤脲酶活性先升高后降低,开花期达到最大。返青期各处理 0~20 cm 土层脲酶活性与对照无显著差异,20~40 cm 土层脲酶活性显著低于对照。拔节期 0~20 cm 土层 J 处理脲酶活性与对照无显著差异,但 Z 和 F 处理脲酶

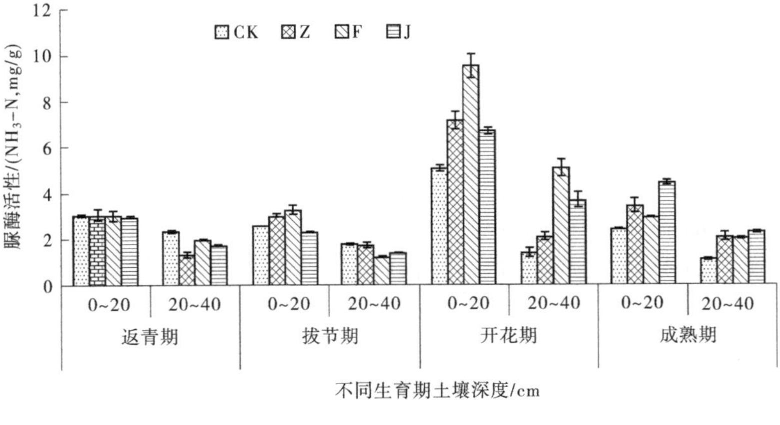

图 3-1　不同秸秆还田方式下麦田土壤脲酶活性的变化(2013 年)

活性显著高于对照。20～40 cm 土层 Z 处理脲酶活性与对照无显著差异,但 F 和 J 处理脲酶活性显著低于对照。开花期 0～20 cm 土层 F 处理脲酶活性显著高于其他三个处理,同时 Z 和 J 处理脲酶活性显著高于对照,但两者间差异不显著,表现为 F>Z>J>CK。20～40 cm 土层 F 处理脲酶活性显著高于其他三个处理,同时 Z 和 J 处理脲酶活性显著高于对照,且两者间差异达显著,表现为 F>J>Z>CK。成熟期 0～20 cm 土层三个处理脲酶活性均显著高于对照,且相互间差异也达显著,表现为 J>Z>F>CK。20～40 cm 土层三个处理脲酶活性显著高于对照,相互间差异不显著。

脲酶是直接参与无机氮肥形态转化的土壤酶,能够将尿素中的氮分解为 NH_3 和 CO_2,参与土壤氮素的分解转化,为农作物的生长提供氮源。由图 3-2、图 3-3 知,不同处理对土壤脲酶的活性产生了显著影响。2014 年和 2015 年土壤脲酶活性总体呈先升高后降低趋势,土壤脲酶活性大小存在年际间差异,2014 年脲酶活性显著高于 2015 年,这可能是由 2014 年小麦生育期雨水充足造成的。返青期各处理 0～20 cm 土层的脲酶活性与对照无显著差异。拔节期 0～20 cm 土层 F 处理下脲酶活性显著高于其他处理。开花期 0～20 cm 土层 Z 处理脲酶活

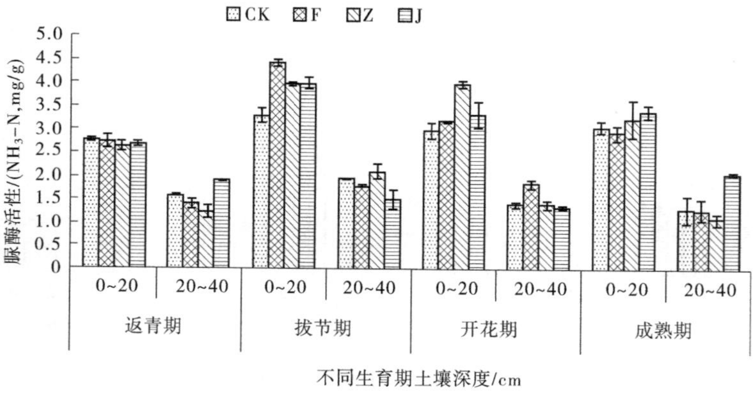

图 3-2 不同有机物料还田方式下麦田土壤脲酶活性的变化(2014 年)

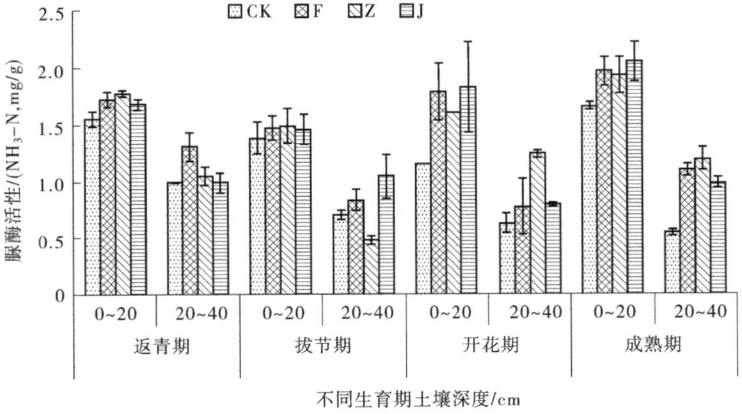

图 3-3　不同有机物料还田方式下麦田土壤脲酶活性的变化（2015 年）

性显著高于其他三个处理，其中 F 和 J 处理脲酶活性高于对照，但两者间差异不显著。开花期 20～40 cm 的土层 F 处理脲酶活性显著高于其他三个处理。2015 年返青期与拔节期 0～20 cm 土层的三个处理脲酶活性高于对照组，但差异不显著，开花期与成熟期显著高于对照，表现为 J>F>Z>CK。说明不同有机物料还田处理在各时期均能提高土壤脲酶活性。

3.1.2　土壤蔗糖酶活性

蔗糖酶的活性反映了土壤熟化程度和肥力水平，不同秸秆还田方式下麦田土壤蔗糖酶活性的变化（2013 年）如图 3-4 所示。由图 3-4 可知，返青期 0～20 cm 土层 J 处理蔗糖酶活性显著高于对照，Z 和 F 处理蔗糖酶活性与对照未达显著差异，表现为 J>F>Z>CK；20～40 cm 土层 J 处理蔗糖酶活性显著高于 F 和 Z 处理，但三个处理蔗糖酶活性显著低于对照。拔节期 0～20 cm 土层 F 和 Z 处理蔗糖酶活性显著高于对照，J 处理和对照未达显著差异；20～40 cm 土层 J 和 F 处理蔗糖酶活性显著高于对照,Z 处理蔗糖酶活性和对照无显著差异。开花期 0~20 cm 土层 J 处理蔗糖酶活性显著高于其他三个处理,Z 处理蔗糖酶活性显著高于其他两个处理,F 处理蔗糖酶活性与对照未达显著差异;20~40 cm 土层三个处理蔗糖酶活性显著高于对照,F 和 Z 处理蔗糖酶活性差异未达显著,表现为 J>Z>F>CK。成熟期 0~20 cm 土层 F 处理蔗糖酶活性显著高于对照,Z 和 J 处理蔗糖酶活性显著低于对照;20~40 cm 土层 F 处理蔗糖酶活性显著高于对照,Z 和 J 处理蔗糖酶活性与对照无显著差异。

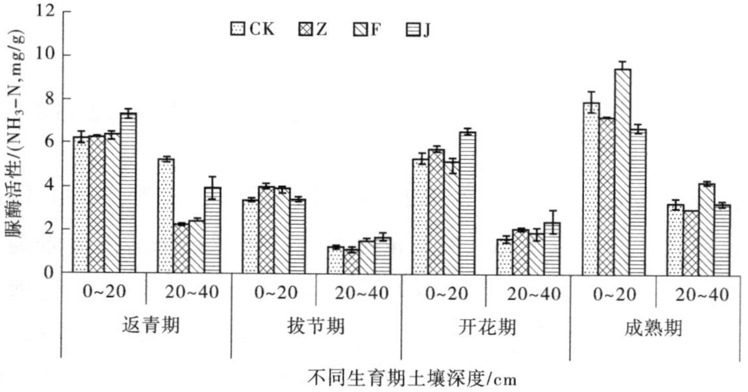

图 3-4　不同秸秆还田方式下麦田土壤蔗糖酶活性的变化(2013 年)

土壤蔗糖酶与土壤中养分含量、呼吸速率息息相关,其参与的酶促反应产物直接影响到作物的发育。由图 3-5、图 3-6 可知,返青期,除 J 处理外,土壤蔗糖酶活性与对照差异均不显著。在 2014 年,F 处理在拔节期与对照无明显差异,在开花期显著提高,成熟期又低于对照。开花期,Z 处理显著高于对照,其余时期与对照相无显著差异。在 2015 年,返青期与开花期,在 0~20 cm 土层 J 处理与对照相比蔗糖酶活性较高,成熟期,F 处理高于其他处理,Z、J 处理与对照相无明显差异。说明有机物料还田对土壤蔗糖酶活性的提升有一定的积极作用。

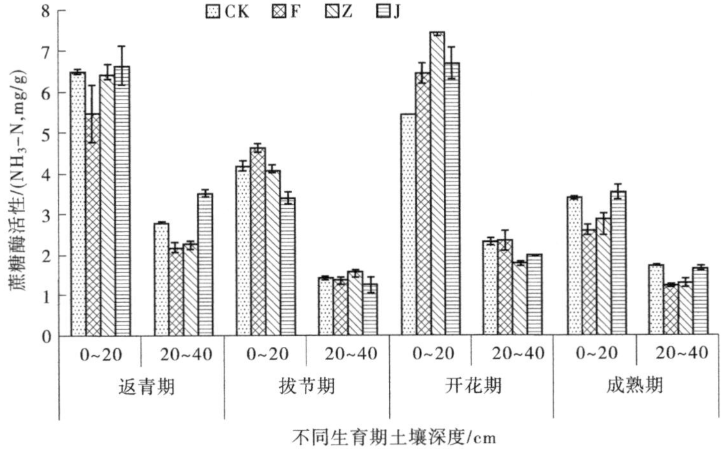

图 3-5　不同有机物料还田方式下麦田土壤蔗糖酶活性变化(2014 年)

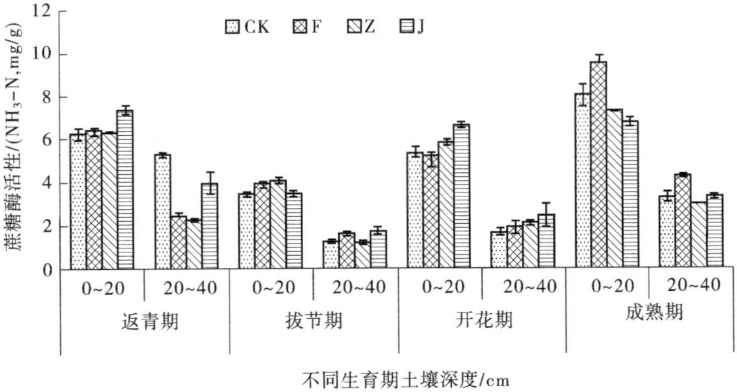

图 3-6　不同有机物料还田方式下麦田土壤蔗糖酶活性变化(2015 年)

3.2　土壤呼吸速率

土壤呼吸是包括土壤有机质分解和微生物呼吸、植物根呼吸等的生理氧化过程。由图 3-7 可知,2013 年,麦田土壤呼吸速率越冬期最低,随生育期推进,土壤呼吸速率逐渐增大,开花期达到最大。在越冬期和返青期，J 处理土壤呼吸速率显著高于对照，其他处理与对照无显著差异，表现为 J>Z>F>CK，说明秸秆处理在小麦生育前期能够起到保温的效果，有利于小麦根际呼吸。拔节期 F 和 Z 处理土壤呼吸速率显著高于对照，J 处理与对照差异不显著，表现为 F>Z>J>CK。开花期三个处理土壤呼吸速率均显著高于对照，表现为 J=F>Z>CK。说明后期随着气温升高，施用有机肥的效果逐渐显现出来。

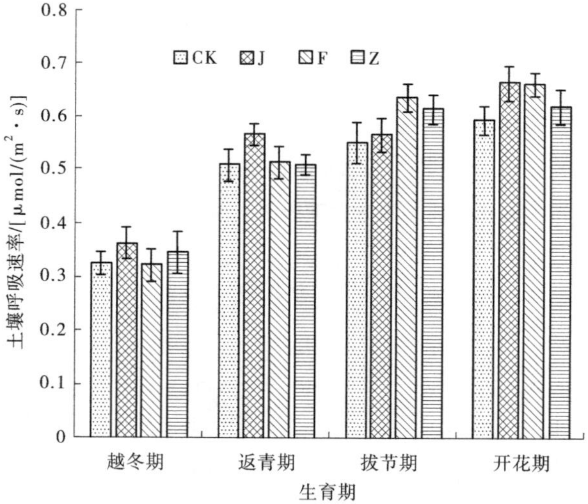

图 3-7　不同秸秆还田方式下麦田土壤呼吸速率的动态变化(2013 年)

由图 3-8、图 3-9 可知，麦田的土壤呼吸速率随生育期的进行逐渐增大，开花期达到最大。在小麦越冬期、返青期，J 处理的土壤呼吸速率显著高于其他处理，可能是由于在越冬期、返青期时秸秆直接还田对麦田土壤有一定的保温作用，使 J 处理土壤的温度高于其他处理，有利于作物根部的呼吸作用。2014 年各处理的土壤呼吸速率在拔节期与对照无显著差异，开花期 F 处理显著高于其他处理。2015 年，在拔节期和开花期，F 处理与 Z 处理的土壤呼吸速率与对照相比显著较高，说明在小麦生育后期随着温度的升高，施用有机肥对土壤呼吸速率的效果开始有所体现。

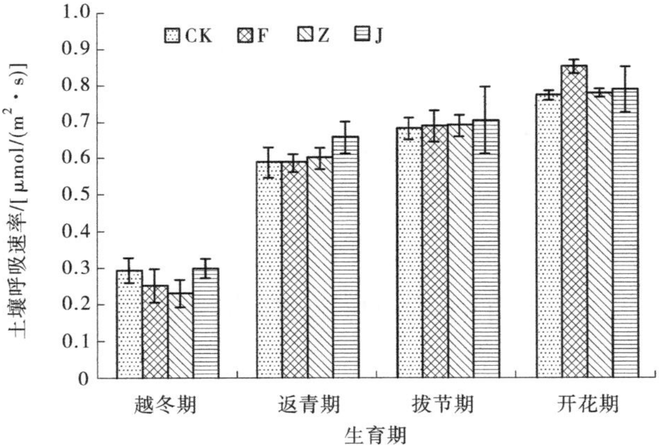

图 3-8　不同有机物料还田方式下麦田土壤呼吸速率的动态变化(2014 年)

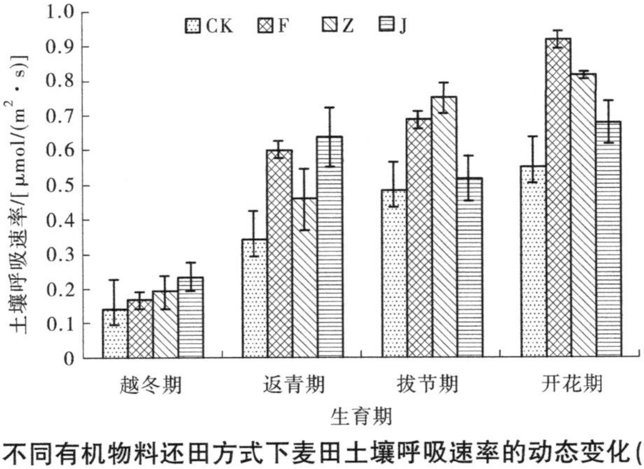

图 3-9　不同有机物料还田方式下麦田土壤呼吸速率的动态变化(2015 年)

第 4 章　不同有机物料还田对小麦生长发育的影响

4.1　冬小麦群体数量

不同有机物料对小麦群体数量的影响程度有差异。不同秸秆还田方式下小麦群体动态变化(2013 年)如图 4-1 所示,由图 4-1 可知,各处理群体数均随生育期的推进先增大后减小,返青期达到最大(J 处理除外)。J 处理在小麦开花期前群体数显著大于对照(三叶期除外),到开花期群体数小于对照但差异不显著。Z 处理在整个生育期的群体数均与对照没有显著差异。F 处理拔节期之前群体数最小,拔节期仅小于 J 处理,开花期又为最小。综上所述,与单施化肥相比,当纯氮减施 10%时,秸秆还田(J)能增加前期的群体数,但对后期群体数没有显著影响;当纯氮减施 15%时,秸秆还田同时增施沼液(Z)对整个生育期的群体数没有显著影响,但秸秆还田同时增施牛粪(F)总体上减少了群体数。

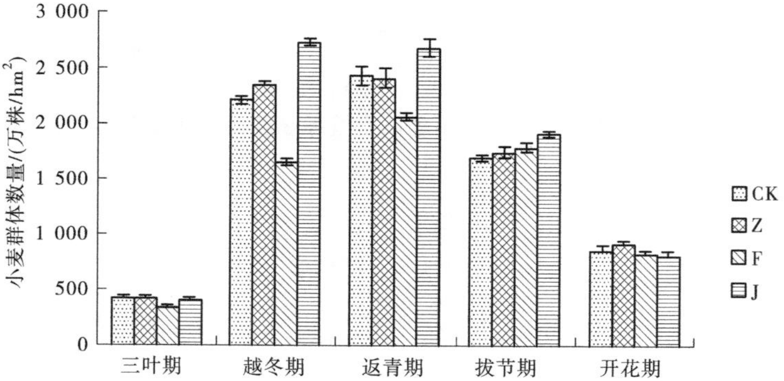

图 4-1　不同秸秆还田方式下小麦群体动态变化(2013 年)

由图 4-2、图 4-3 知，各处理群体数均随生育期的进行先升高后减小，在拔节期达到最大。2014 年 J 处理的群体数量在小麦三叶期、返青期显著高于对照，后期群体数小于对照但差异不显著。牛粪还田处理在全生育期的群体数除拔节期外均与对照组无显著差异。秸秆发酵还田+纯氮生育前期群体数最小，之后与对照组无差异。2015 年秸秆

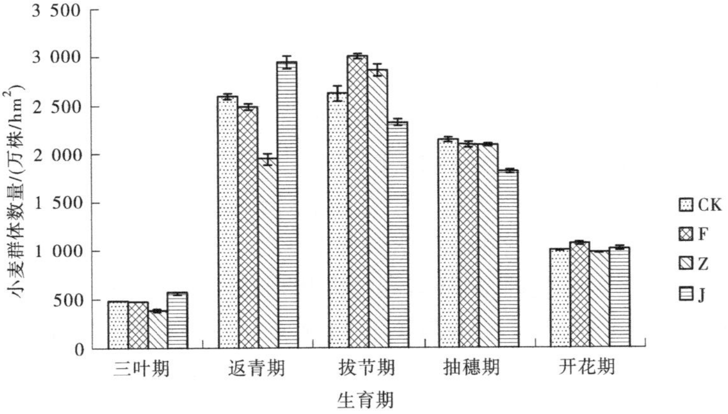

图 4-2　不同有机物料还田方式下小麦群体动态变化(2014 年)

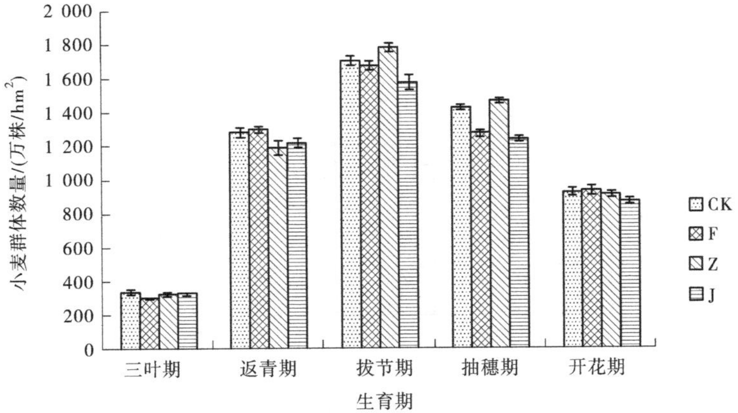

图 4-3　不同有机物料还田方式下小麦群体动态变化(2015 年)

发酵还田+纯氮处理的群体数在拔节期与抽穗期稍高于对照组,但是差异未达到显著水平。其他处理与对照间无明显差异。综上所述,与对照组相比,秸秆还田处理能增长小麦生育前期的群体数,对生育后期群体数目影响不大。

4.2　小麦叶面积指数(LAI)

不同秸秆还田方式下小麦叶面积指数变化(2013 年)如图 4-4 所示,由图 4-4 可知,开花后除成熟期 J 处理外,各处理叶面积指数均显著高于对照处理的叶面积指数,开花期到成熟期对照处理叶面积指数无变化,Z 和 J 处理叶面积指数先升高后降低,F 处理叶面积指数持续减低。开花期三个处理叶面积指数显著高于对照,且 J 和 F 处理叶面积指数显著高于 Z 处理,但两者间叶面积指数差异未达显著,表现为 J>F>Z>CK。灌浆期三个处理叶面积指数显著高于对照,J 处理叶面积指数显著高于 F 和 Z 处理,但 F 和 Z 处理差异未达显著,表现为 J>Z>F>CK。成熟期 F 和 Z 处理叶面积指数显著高于对照,J 处理叶面积指数和对照无显著差异,表现为 Z>F>J=CK。

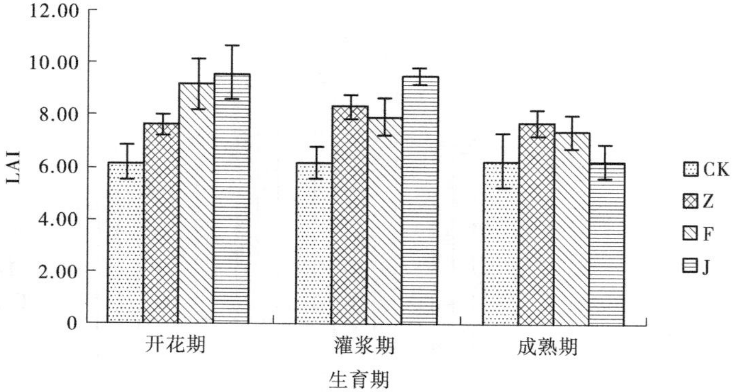

图 4-4　不同秸秆还田方式下小麦叶面积指数变化(2013 年)

4.3　冬小麦光合生理特性

4.3.1　叶片叶绿素

相对叶绿素含量(SPAD 值)也被称为绿色度,一般通过其数值的大小来定量地对叶片的绿色度进行描述。SPAD 值能较好地反映植物叶绿素含量的变化。

不同秸秆还田方式下叶片相对叶绿素含量(SPAD 值)的动态变化(2013 年)如图 4-5 所示,由图 4-5 可知,各处理小麦叶片 SPAD 值随生育期推进逐渐增大。与对照相比,在越冬期,Z、J 处理叶片 SPAD 值均显著大于对照,F 处理叶片 SPAD 值小于对照;拔节期小麦叶片 SPAD 值表现为 J=F>Z>CK;抽穗期小麦叶片 SPAD 值表现为 J>F=Z>CK。开花期各处理小麦叶片 SPAD 值均显著高于对照,表现为 F>J>Z>CK。灌浆期各处理小麦叶片 SPAD 值均显著高于对照,表现为 J>Z>F>CK。拔节期,各有机物料替代部分氮肥处理均显著大于对照。综上所述,除越冬期 F 处理小麦叶片 SPAD 值与对照无显著差异外,其他各时期各处理 SPAD 值均显著高于对照,说明三种秸秆还田方式有助于提高叶片叶绿素含量,延缓叶片衰老。

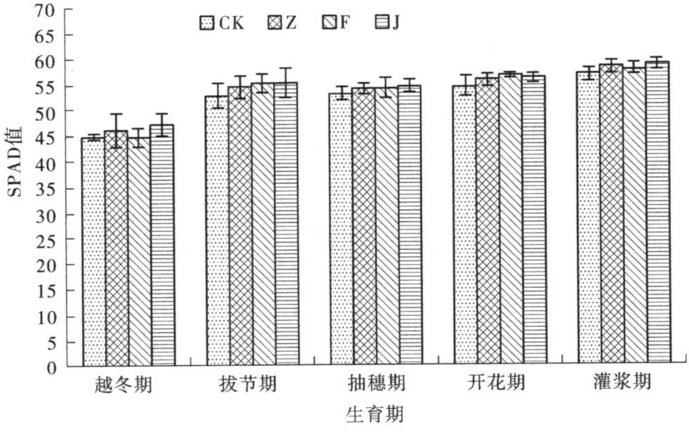

图 4-5　不同秸秆还田方式下叶片 SPAD 值的动态变化(2013 年)

由图 4-6、图 4-7 知,2014 年各处理小麦叶片 SPAD 值随小麦的生长逐渐增大。与对照相比,三个处理在各时期的 SPAD 值均较大,但是各处理间差异未达到显著水平。2015 年拔节期的 SPAD 值表现为 Z>F>CK>J,灌浆期为 F>Z>J>CK,但差异不显著。在其他生育期,四个处理间也无明显差异。说明三种有机物料还田方式在一定程度上有益于叶片叶绿素含量的提高。

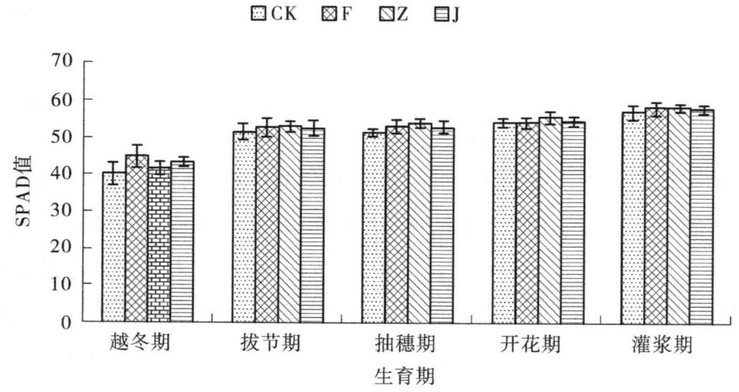

图 4-6　不同有机物料还田方式下叶片 SPAD 值的动态变化(2014 年)

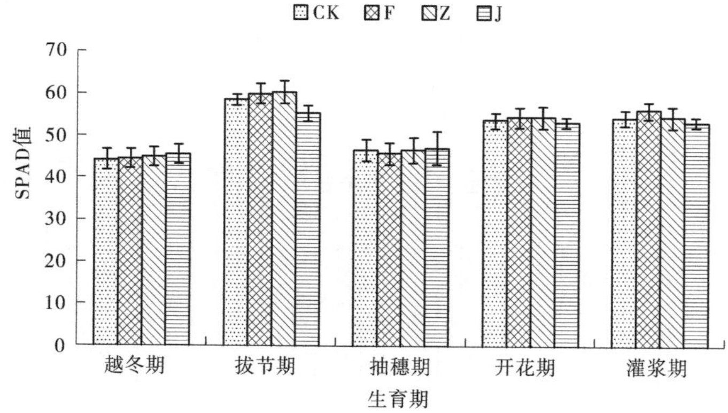

图 4-7　不同有机物料还田方式下叶片 SPAD 值的动态变化(2015 年)

4.3.2　F_v/F_m

叶绿素荧光值可以体现小麦植株的光合情况及生理状态，是研究植物光合作用使用最广的荧光参数，能够更加有效地评估植物发育情况。

F_v/F_m 是 PSⅡ(photo system Ⅱ)的最大光化学量子产量，它反映的是 PSⅡ反应中心处于开放态时的量子产量，一般比较恒定，在 0.80~0.85。它是研究植物光合作用使用最广的荧光参数。不同秸秆还田方式下旗叶 F_v/F_m 的变化(2013 年)如图 4-8 所示，由图 4-8 可知，在拔节期，各有机物料替代部分氮肥处理的 F_v/F_m 均大于对照，其中 J 和 Z 处理与对照差异显著，但二者之间差异不显著，具体表现为 J>Z>F>CK；抽穗期，各有机物料替代部分氮肥处理 F_v/F_m 值均显著大于对照，且 Z 处理 F_v/F_m 值显著高于 F 和 J 处理，F 和 J 处理间未达显著差异，表现为 Z>J>F>CK。开花期，各有机物料替代部分氮肥处理 F_v/F_m 值均显著大于对照，且 F 处理 F_v/F_m 值显著高于 Z 和 J 处理，Z 和 J 处理间未达显著差异，表现为 F>Z>J>CK。综上所述，与对照相比，各有机物料替代部分氮肥处理均能提高 F_v/F_m 值，拔节期 J 处理效果最好，抽穗期 Z 处理效果最好，开花期 F 处理效果最好。

不同有机物料还田方式下叶片 F_v/F_m 的变化如图 4-9、图 4-10 所示。由图 4-9、图 4-10 可知，两年数据均表明，越冬期，各处理与对照间几乎无差异。从小麦生育中期始，三种有机物料添加处理的叶绿素荧光值均大于对照，其中牛粪还田和秸秆发酵还田+纯氮与对照差异显著，但是他们之间的差异未达到显著水平；J 处理的叶绿素荧光值在小麦生育后期增长迅速，至小麦灌浆期持平。表明有机物料还田可以提高植株叶片的叶绿素荧光值。

4.3.3　叶片净光合速率

不同秸秆还田方式下小麦叶片净光合速率的变化如图 4-11 所示，由图 4-11 可以看出，叶片净光合速率随生育期的推进逐渐增大，开花期达到最大值。三叶期，Z 和 F 处理净光合速率显著高于对照，J 处理

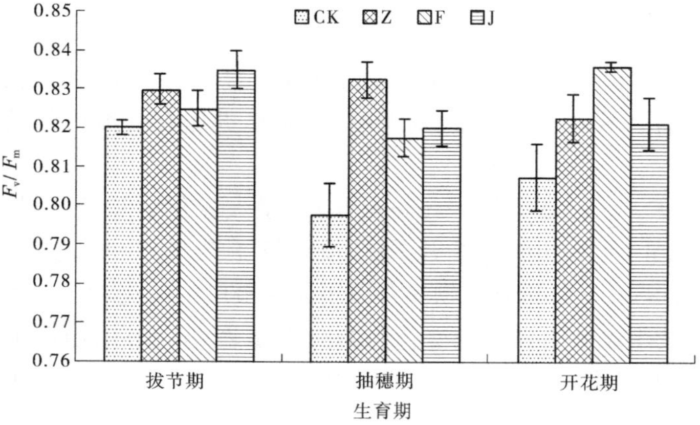

图 4-8　不同秸秆还田方式下旗叶 F_v/F_m 的变化(2013 年)

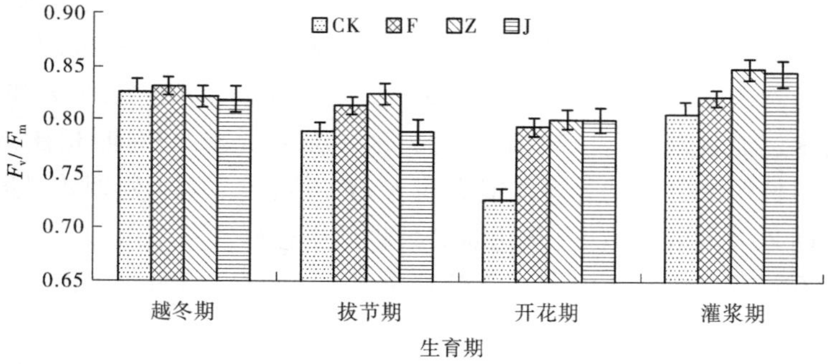

图 4-9　不同有机物料还田方式下叶片 F_v/F_m 的变化(2014 年)

净光合速率和对照无显著差异;在返青期,Z 处理净光合速率显著高于对照,F 和 J 处理和对照无差异;在拔节期,各有机物料替代部分氮肥处理叶片的净光合速率均显著高于对照,表现为 J>F>Z>CK;在抽穗期,各有机物料替代部分氮肥处理净光合速率均高于对照,表现为 J>F>Z>CK。可见,与对照相比,各有机物料替代部分氮肥处理均能提高小麦拔节期和开花期的净光合速率,其中 Z 处理效果最为显著。

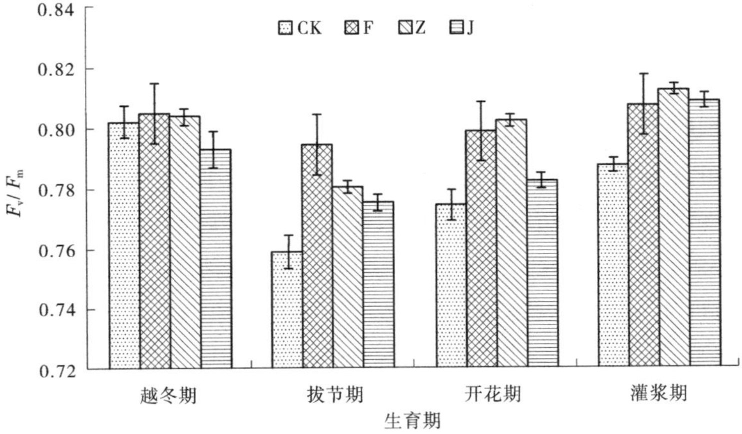

图 4-10　不同有机物料还田方式下叶片 F_v/F_m 的变化(2015 年)

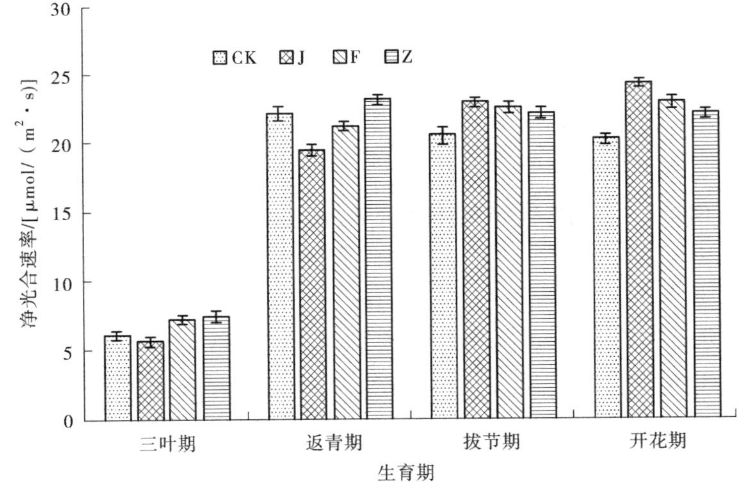

图 4-11　不同秸秆还田方式下小麦叶片净光合速率的变化

4.4　冬小麦干物质积累量

由图 4-12、图 4-13 可知,在越冬期,各处理与对照无明显差异,至拔节期后小麦迅速生长,干物质积累量也明显增加。2014 年拔节期三个处理对比无明显差异,开花期 F 处理显著增高,其他处理无明显差异。成熟期 Z 处理与对照相比显著降低,J 处理的干物质积累量最高。2015 年拔节期之后 J 处理干物质量较其他处理高,并达到显著水平。F 处理积累量高于对照,Z 处理积累量等于对照,但差异不显著。表明有机物料的添加对干物质积累量的提升有明显作用,其中 J 处理效果最好。

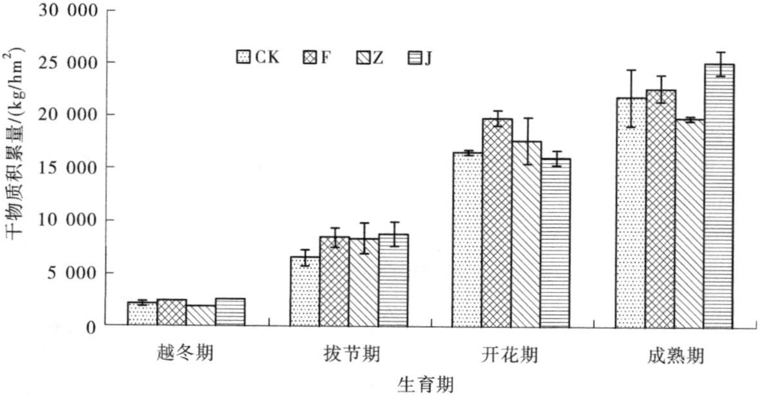

图 4-12　不同有机物料还田方式下小麦干物质积累量(2014 年)

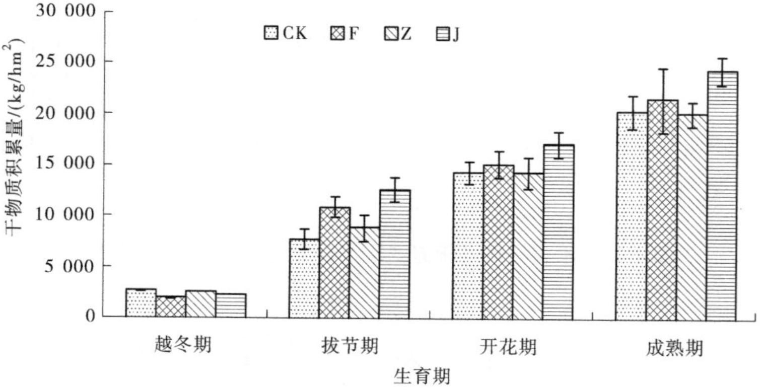

图 4-13　不同有机物料还田方式下小麦干物质积累量(2015 年)

4.5　冬小麦产量及产量指标

不同秸秆还田方式对小麦产量及其构成的影响如表 4-1 所示，由表 4-1 可知，Z 处理的穗数显著高于对照，F 和 J 处理与对照无显著差异；各秸秆还田处理小穗数均大于对照，但差异均不显著；穗粒数均显著大于对照，表现为 J>Z>F>CK；千粒重均大于对照，其中 F 和 J 处理与对照差异达显著水平，表现为 F>J>Z>CK；Z 和 F 处理的收获指数显著高于对照，J 处理与对照无差异。各处理籽粒产量均显著高于对照，表现为 Z>F>J>CK，三者较对照分别增产 13. 86%、10. 82%、8. 21%。综上所述，与对照相比，3 种秸秆还田方式均显著提高了小麦穗粒数、千粒重和籽粒产量，说明用有机物料替代部分氮肥是可行的，并不会造成作物的减产。

表 4-1　不同秸秆还田方式对小麦产量及其构成的影响

处理	穗数/（万秆/hm^2）	小穗数/个	穗粒数/（个/穗）	千粒重/g	籽粒产量/（kg/hm^2）	收获指数
CK	870. 8b	19. 3a	29. 5b	46. 05b	9 845. 49b	0. 46b
Z	911. 25a	19. 88a	32. 63a	46. 73b	11 210. 56a	0. 56a
F	832. 5b	20. 1a	32a	48. 78a	10 910. 55a	0. 54a

注：小写字母表示在 $\alpha=0.05$ 水平上达到显著水平，全书同。

不同有机物料还田方式对小麦产量及其构成的影响如表 4-2 所示。2014 年添加有机物的小穗数显著多于对照，其中 F 处理高于 Z 处理与 J 处理；J 处理条件下穗粒数最大，其中 Z 处理与对照无明显差异；千粒重方面，F、Z 处理均显著高于对照，J 处理低于对照；除 Z 处理外各处理籽粒产量均高于对照，F、J 处理的增产幅度为 3. 1%、1. 38%。收获指数表现为 Z 处理显著大于其他处理，J 处理较小，F 处理与对照无显著差异。2015 年 J 处理的小穗数及其穗粒数与对照相比显著较低。F、Z 处理的小穗数与对照相比无明显差异;F 处理穗粒数显著高于其他处理,千粒重 J 处理较大,显著高于其他处理,F、Z 处理与对照无明显差异。F 处理的产量在本年度同样为最大值,F、Z、J 处理的增产幅度分别为 7.1%、2.4%、2.8%。其中 F 处理的收获指数最大,说明不同有机物料还田虽然对产量构成影响有区别,但是均可以提高作物产量。

表 4-2　不同有机物料还田方式对小麦产量及其构成的影响

年份	处理	小穗数/个	穗粒数/个	千粒重/g	籽粒产量/(kg/hm²)	收获指数
2014	CK	20. 20c	33. 30c	45. 56b	10 510. 53a	0. 48b
	F	21. 25a	35. 22b	47. 14a	10 835. 54a	0. 47b
	Z	20. 88b	33. 50c	47. 20a	10 025. 50b	0. 51a
	J	20. 88b	37. 00a	45. 20b	10 55. 53a	0. 42c
2015	CK	21. 20a	36. 90b	43. 03b	9 133. 79b	0. 33b
	F	20. 90a	39. 65a	42. 89b	9 780. 49a	0. 41a
	Z	21. 20a	32. 00c	42. 73b	9 350. 47b	0. 34b
	J	20. 20b	32. 10c	43. 72a	9 387. 14b	0. 35b

第 5 章　不同有机物料还田对小麦水氮利用的影响

5.1　不同有机物料还田下土壤-作物水分利用变化

5.1.1　土壤含水量

土壤含水量常常会随着气温、降水和灌溉等外界因素的变化而变化，由图 5-1 可知，越冬期，与对照相比，J 处理 0～40 cm 和 60～100 cm 土层的土壤含水量显著高于对照，F 处理和 Z 处理 0～20 cm、60～100 cm 土层的土壤含水量显著高于对照；拔节期，J 处理 20～40 cm、60～100 cm 土层的土壤含水量显著高于对照，F 处理 60～100 cm 土层的土壤含水量显著高于对照，Z 处理 20～100 cm 土层的土壤含水量显著高于对照；开花期，由于降雨 0～40 cm 土层的土壤含水量无显著差异，80～100 cm 土层三个处理的土壤含水量显著高于对照；成熟期，J 处理 20～40 cm、60～100 cm 土层土壤含水量显著高于对照，Z 处理 60～100 cm、F 处理 60～80 cm 土层土壤含水量显著高于对照。这说明三种秸秆还田方式提高了土壤的保水能力，尤其是深层土壤的含水量，其中秸秆直接还田处理效果最好。

三种有机物料还田处理对土壤保水能力的作用不同。由图 5-2、图 5-3 知，2014 年在各个时期，80～100 cm 土层 F、Z、J 处理含水量显著高于对照组。越冬期，0～40 cm 土层 Z 处理含水量较高；拔节期，J 处理在 0～60 cm 土层含水量小于其他处理，20～40 cm 土层 F 处理高于其他处理；开花期，由于刚进行过灌溉，在 0～60 cm 土层四个处理间含水量无明显差异；成熟期，在 0～100 cm 土层 Z、J 处理含水量显著高于

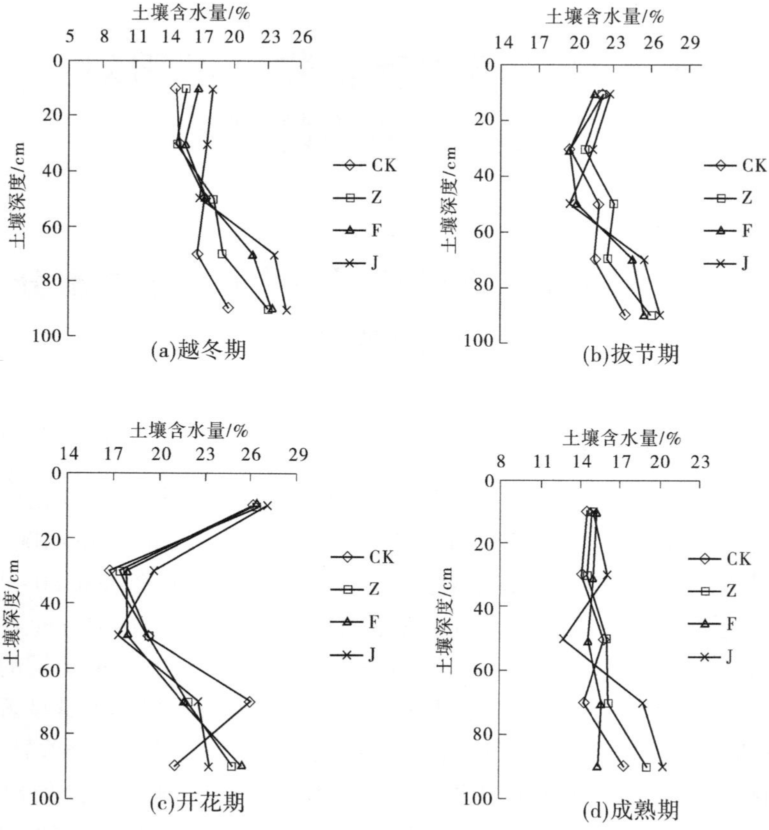

图 5-1　不同秸秆还田方式下麦田土壤含水量的动态变化(2013 年)

其他处理。2015 年,越冬期,F 处理在各土层的土壤含水量均高于其他处理,80~100 cm 土层 Z 处理含水量也较高;拔节期,除 40~60 cm 土层 J、F 处理含水量低于对照外,添加有机物料处理在各土层均高于对照;生育后期,0~40 cm 土层三个添加有机物料处理含水量均高于对照,60~100 cm 土层除 J 处理外均高于对照。这说明三种有机物料还田均提高了土壤的保水能力,尤其是深层土壤。

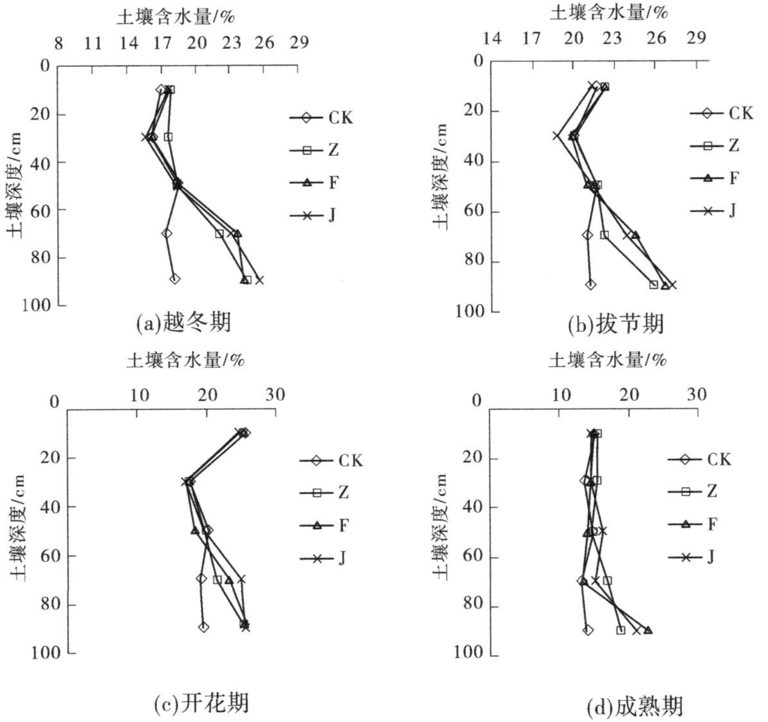

图 5-2　不同有机物料还田方式下麦田土壤含水量的动态变化(2014 年)

5.1.2　耗水量和水分利用效率

不同秸秆还田方式下小麦耗水量和水分利用效率(WUE)如表 5-1 所示,由表 5-1 可知,Z 处理耗水量和对照无显著差异,F 和 J 处理耗水量显著低于对照。J 处理的水分利用效率(WUE)和灌溉水利用效率(IUE)显著高于其他三个处理,Z 和 F 处理的水分利用效率(WUE)和灌溉水利用效率(IUE)显著高于对照,但两者间差异未达显著。这与整个生育期各土层的土壤含水量结果基本吻合,说明各秸秆还田方式均能减少小麦耗水量(Z 处理除外),提高小麦水分利用效率和灌溉水利用效率(WUE)。

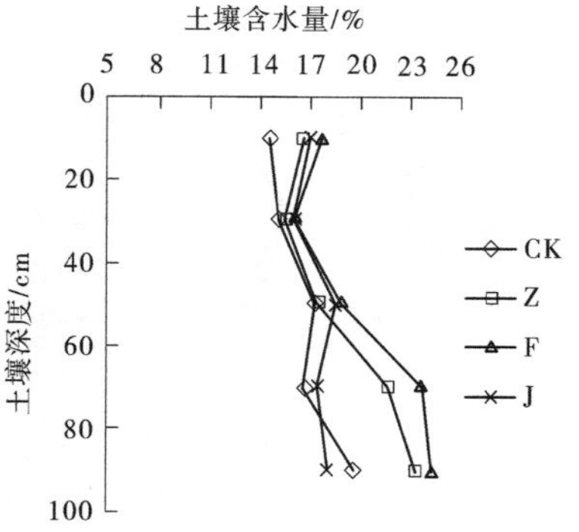

(a)越冬期

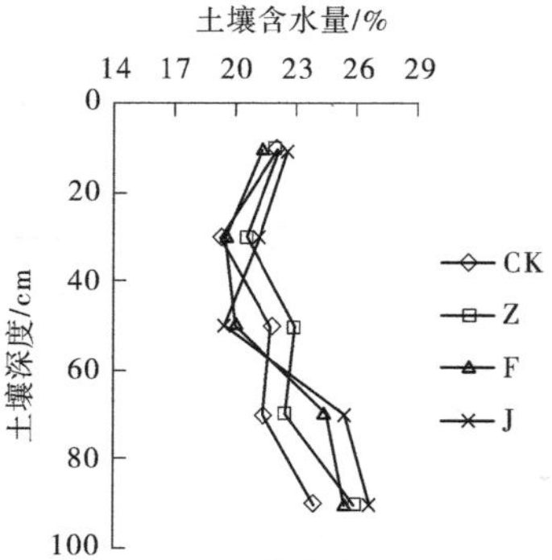

(b)拔节期

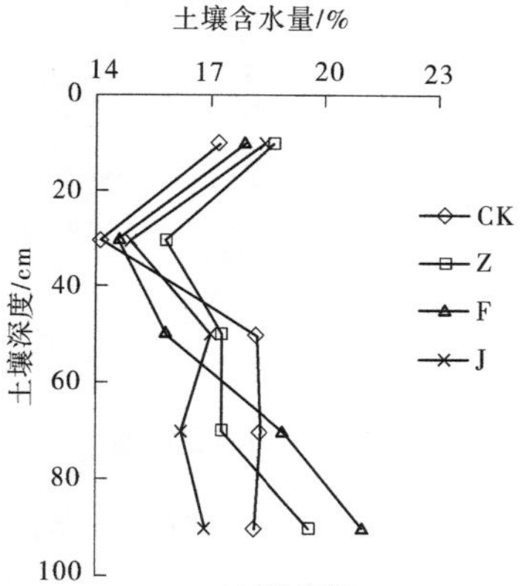

(c)开花期

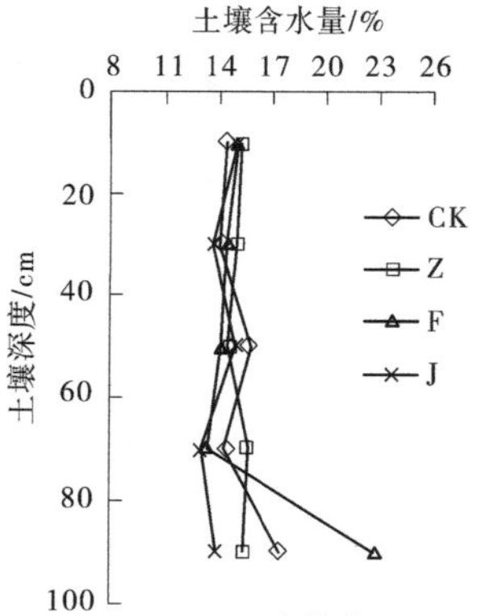

(d)成熟期

图 5-3　不同有机物料还田方式下麦田土壤含水量的动态变化(2015 年)

表 5-1　不同秸秆还田方式下小麦耗水量和水分利用效率(WUE)

处理	总耗水量/mm	水分利用效率(WUE)/[kg/(hm² · mm]	灌溉水利用效率(IUE)/[kg/(hm² · mm]
CK	445.23a	22.11c	36.46c
J	437.90b	25.60a	41.52a
Z	445.76a	24.48b	40.41b
F	434.17b	24.70b	39.72b

不同有机物料还田方式下小麦耗水量及水分利用效率(WUE)如表 5-2 所示。由表 5-2 知,两年间作物水分利用效率趋势与含水量趋势基本吻合。在 2014 年,小麦的耗水量 J 处理最大,具体表现为:J>CK>Z>F,其中 F、Z 处理间无显著差异。F 和 J 处理下小麦对水分的利用效率以及灌溉水利用效率最高,显著高于其他处理。Z 处理的水分利用效率以及灌溉水利用效率与对照相比较低。2015 年,对照总耗水量显著大于其他三个处理,J、Z 处理间的差异未达到显著水平,F 处理下最小。水分利用效率方面,三个处理与对照相比均较高,其中 Z 与 J 处理间差异不显著。就灌溉水利用效率而言,Z 处理与其他处理相比达到显著水平,其他三个处理间无显著差异。综上所述,说明添加有机物料可以减少小麦的耗水量(2014 年 J 处理除外),并对提升作物的水分利用效率以及灌溉水利用效率有积极作用。

表 5-2　不同有机物料还田方式下小麦耗水量及水分利用效率(WUE)

年份	处理	总耗水量/mm	水分利用效率(WUE)/[kg/(hm² · mm)]	灌溉水利用效率(IUE)/[kg/(hm² · mm)]
2014	CK	438.20b	23.99b	38.93b
	F	436.12c	24.85a	40.13a
	Z	436.89c	22.95c	37.13c
	J	441.58a	24.13b	39.46a
2015	CK	390.19a	23.41c	33.83b
	F	383.87c	25.48a	36.22a
	Z	387.55b	24.13b	34.63b
	J	387.91b	24.20b	34.77b

5.1.3　麦田水足迹分析

水足迹的概念是将可以看到的实物形态的水与无法看到的虚拟形态的水进行关联,是“蓝水”“绿水”和“灰水”的综合,能够更清晰明了地显示作物生长发育过程中对水资源的需求及所需要的水资源的来源。通过对水足迹的估算,可以更加科学和有效地利用有限的水资源。不同有机物料还田方式下麦田的水足迹分析如表 5-3 所示。三种有机物料还田方式在两年间均显著降低了作物的生产耗水量,且两年趋势均表现为:CK>J>Z>F。2014 年,F、J 处理与对照的总生产水足迹相比显著较低,Z 处理的生产水足迹与对照相比无显著差异。2015 年,三个添加物处理均显著降低了麦田的生产水足迹,其中 F 处理的水足迹最小,Z、J 处理间差异不显著。表明有机物料的添加能够有效地降低麦田的生产水足迹。

表 5-3 不同有机物料还田方式下麦田的水足迹分析

年份	处理	生产耗水量/mm				作物产量/	生产水足迹/(m^3/kg)			
		蓝水	绿水	灰水	总量	(kg/hm^2)	蓝水	绿水	灰水	总量
2014	CK	2 700	1 682	2 700	7 082.05a	10 511	0.26	0.16	0.26	0.67a
	F	2 700	1 661	2 290	6 651.17c	10 836	0.25	0.15	0.21	0.61b
	Z	2 700	1 669	2 290	6 658.95c	10 026	0.27	0.17	0.23	0.66a
	J	2 700	1 716	2 430	6 845.79b	10 656	0.25	0.16	0.23	0.64b
2015	CK	2 700	1 202	2 700	6 601.87a	9 134	0.30	0.13	0.30	0.72a
	F	2 700	1 139	2 290	6 128.68b	9 780	0.28	0.12	0.23	0.63c
	Z	2 700	1 175	2 290	6 165.46b	9 350	0.29	0.13	0.24	0.66b
	J	2 700	1 179	2 430	6 309.12b	9 387	0.29	0.13	0.26	0.67b

5.2 秸秆还田和减量施肥下土壤-作物氮素利用变化

5.2.1 土壤全氮

不同秸秆还田方式下麦田土壤全氮含量的动态变化(2013 年)见图 5-4。返青期,与对照相比,秸秆直接还田处理(J)0~40 cm 土层的土壤全氮含量显著高于对照;拔节期秸秆直接还田(J)和秸秆发酵还田(Z)处理 0~80 cm 土层的土壤全氮含量显著高于对照,秸秆过腹还田(F)处理 20~80 cm 土层的土壤全氮含量显著高于对照;开花期、拔节期秸秆直接还田(J)处理 0~60 cm、80~100 cm 土层的土壤全氮含量显著高于对照处理,秸秆过腹还田(F)处理 0~40 cm 土层的土壤全氮含量显著高于对照处理,其他处理与对照未达显著水平;成熟期各处理土层的含氮量显著低于对照处理。说明三种秸秆还田方式对提高 0~60 cm 土层的土壤全氮含量有显著作用,并且开花期后显著提高小麦对土壤氮素的吸收利用。

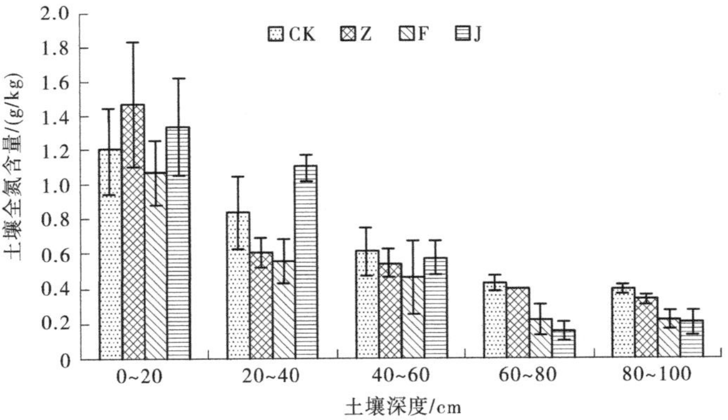

(a)返青期

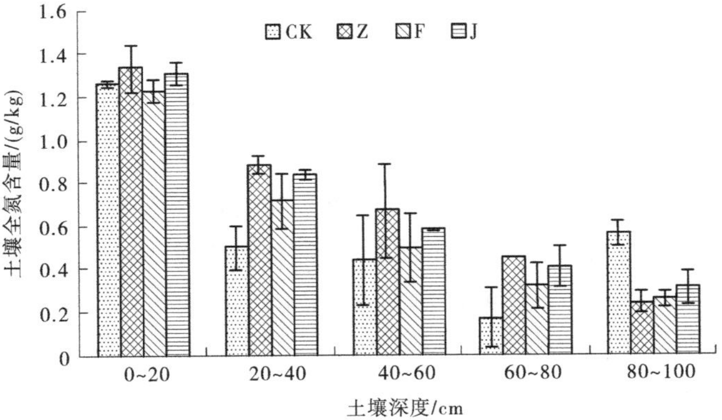

(b)拔节期

图 5-4　不同秸秆还田方式下麦田土壤全氮含量的动态变化(2013 年)

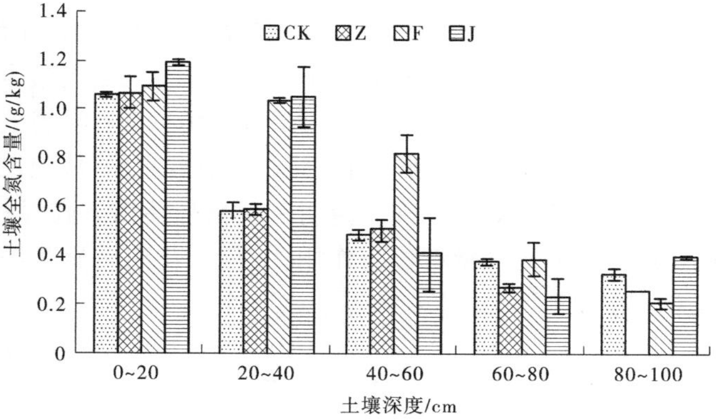

(c)开花期

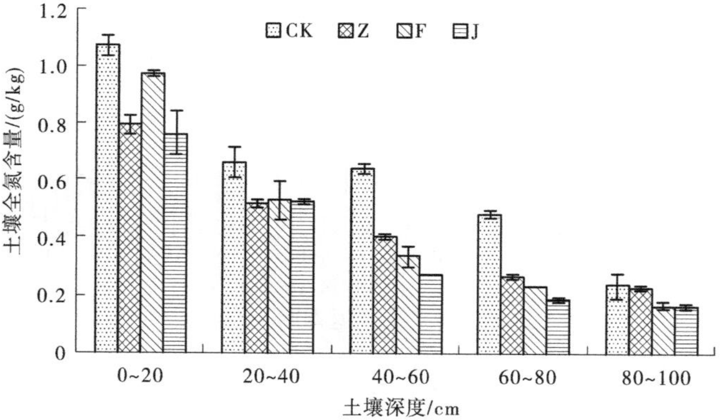

(d)成熟期

续图 5-4

由图 5-5、图 5-6 知,2014 年返青期 F、Z 处理 0~20 cm 土层的全氮含量显著高于对照;40~100 cm 土层土壤全氮含量与对照无显著差异;拔节期 F 处理在 20~40 cm 土层的全氮含量显著高于对照,其他处理与对照间无差异。开花期三个添加有机物料处理 0~20 cm 土层的土壤全氮含量显著较对照处理高,J 处理 0~40 cm 土层的全氮含量显著高于对照,Z、F 处理与对照间差异未达到显著水平;除 J 处理外,成熟期各土层的全氮含量均低于对照。2015 年,返青期 0~40 cm 土层全氮含量无明显差异,40~60 cm 土层 J 处理土壤全氮含量显著高于其他处理;拔节期与开花期 0~60 cm 的土层 F 处理土壤全氮含量显著较高,其他处理间无明显差异;在成熟期时,土壤全氮含量除 J 处理与 2014 年表现一致外,全氮含量在各土层均小于对照。综上所述,说明添加牛粪、菌渣、秸秆还田对提高土壤含氮量有积极作用。

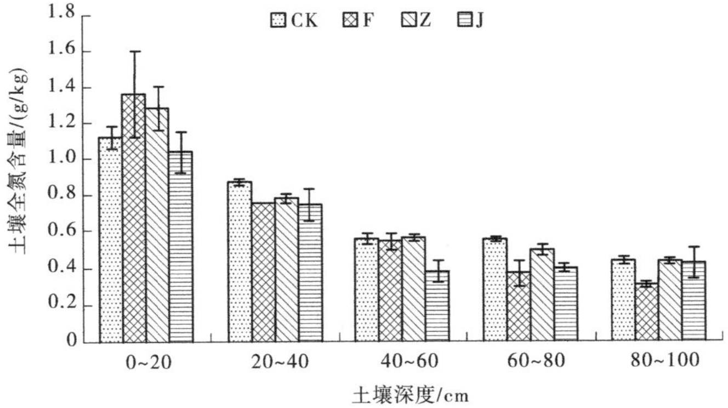

(a)返青期

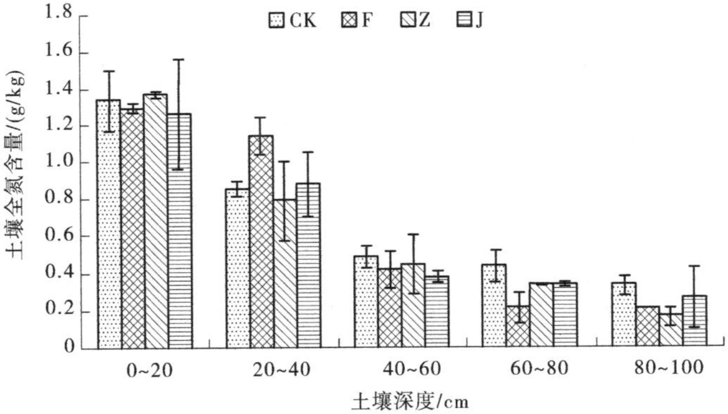

(b)拔节期

图 5-5　不同有机物料还田方式下麦田土壤全氮含量的动态变化(2014 年)

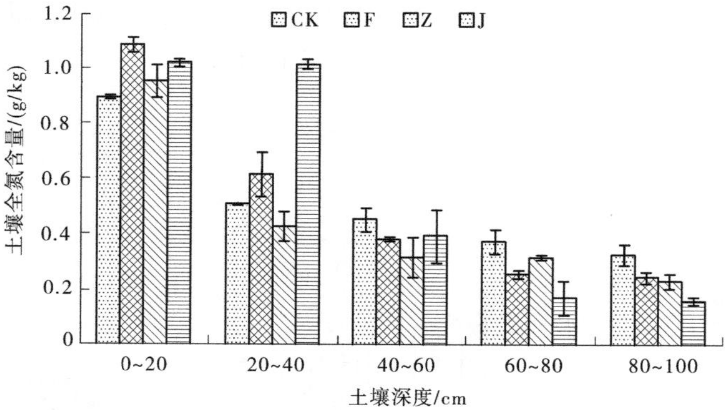

(c)开花期

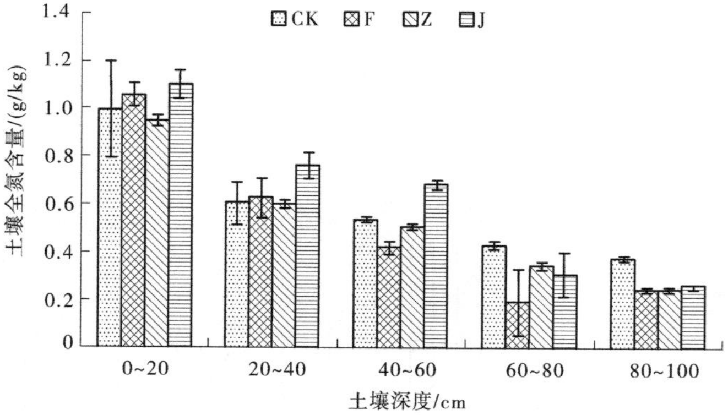

(b)成熟期

续图 5-5

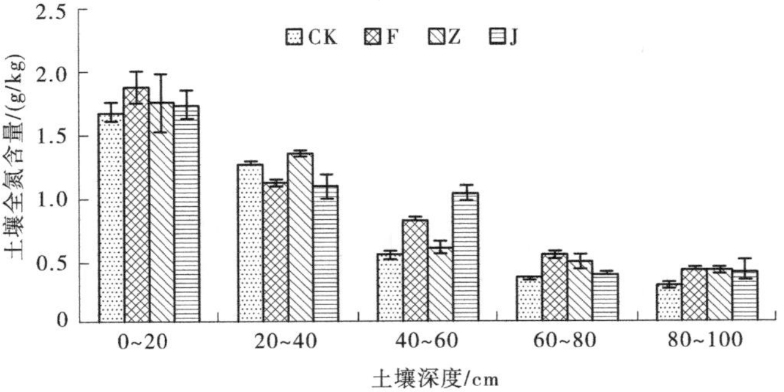

(a)返青期

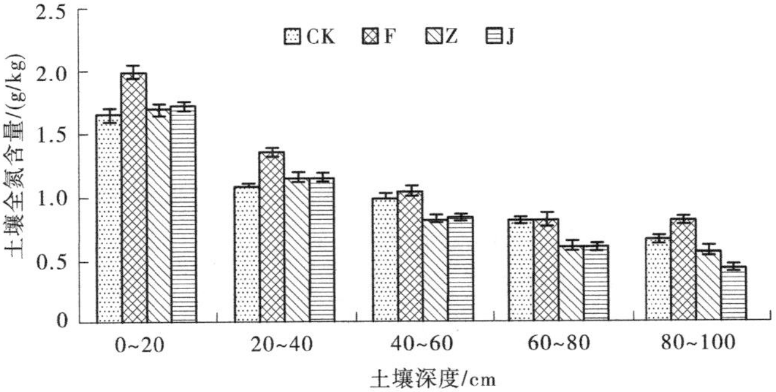

(b)拔节期

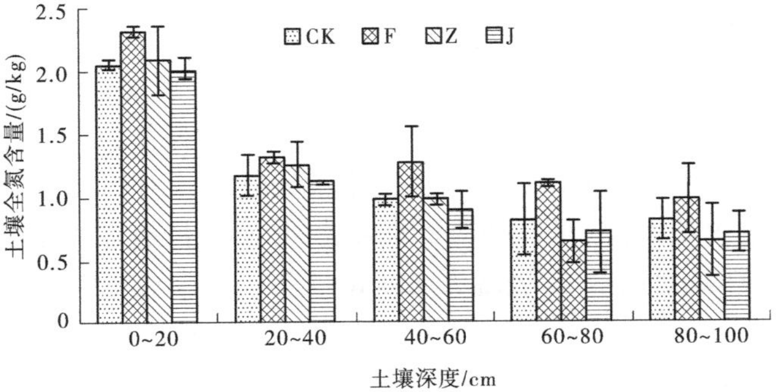

(c)开花期

图 5-6　不同有机物料还田方式下麦田土壤全氮含量的动态变化(2015 年)

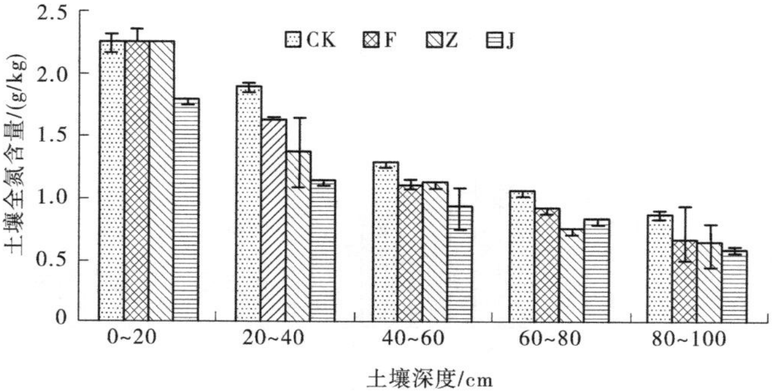

(d)成熟期

续图 5-6

5.2.2 植株氮含量

不同秸秆还田方式下小麦植株氮含量的变化如图 5-7 所示，由图 5-7 可知，秸秆直接还田(J)处理植株氮含量先升高后降低，返青期达到最大，其他处理先降低后升高，开花期达到最小。越冬期到开花期三个处理植株氮含量均显著高于对照，越冬期表现为 F>J>Z>CK，返青期表现为 J>F>Z>CK，拔节期表现为 J>Z>F>CK，开花期表现为 J>Z>F>CK。成熟期，Z 处理与对照差异不显著，F 和 J 处理显著低于对照。

5.2.3 冬小麦氮素利用效率

不同秸秆还田方式下小麦氮素利用效率如表 5-4 所示，由表 5-4 可知，秸秆发酵还田处理(Z)氮素积累量显著高于对照处理氮素积累量，秸秆过腹还田(F)处理和秸秆直接还田处理(J)氮素积累量显著低于对照处理氮素积累量，表现为 Z>CK>J>F。三个处理的氮素偏生产力显著高于对照，秸秆过腹还田(F)处理和秸秆直接还田处理(J)间氮素偏生产力未达显著水平，表现为 Z>F>J>CK。秸秆过腹还田(F)处理的氮素利用效率最高，显著高于其他处理，秸秆直接还田(J)处理氮素利用效率显著高于对照，秸秆发酵还田(Z)处理与对照未达显著水平，表现为 F>J>CK>Z。说明三种秸秆还田方式均能不同程度地提高

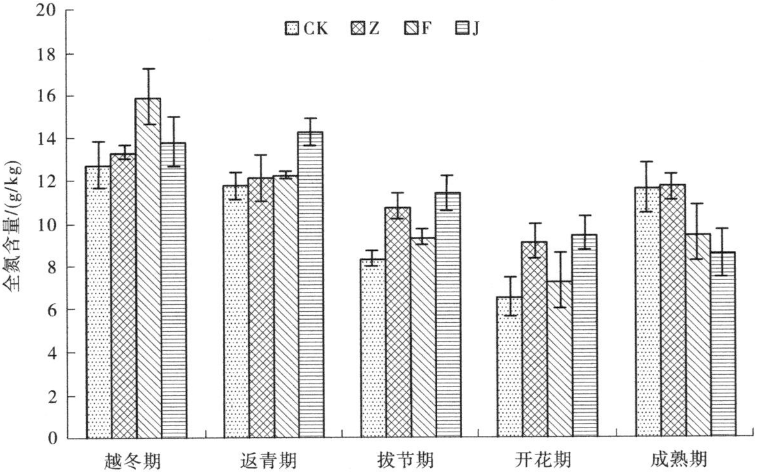

图 5-7　不同秸秆还田方式下小麦植株氮含量的变化

小麦植株对氮素的利用。

表 5-4　不同秸秆还田方式下小麦氮素利用效率

处理	氮素积累量 TNNA/(kg/hm²)	氮素偏生产力 NPFP/(kg/hm²)	氮素利用效率 NUE/(kg/hm²)
CK	233. 62b	36. 46c	42. 14c
Z	266. 81a	48. 32a	42. 02c
F	175. 48c	44. 96b	62. 17a
J	190. 46c	43. 09b	56. 31b

不同有机物料还田方式下小麦氮素利用效率如表 5-5 所示,由表 5-5 可知,2014 年和 2015 年的氮素利用效率趋势基本一致,具体表现为:F、Z 处理下的小麦氮素积累量均高于对照,J 处理与对照无明显差异,但是 2015 年 J 处理的氮素积累量有所增加。氮素偏生产力表现为添加有机物料的处理均高于对照;对氮素的利用效率表现为 F 与 J 处理显著高于 Z 处理,Z 处理与对照并没有达到显著差异;氮素收获指数方面,2014 年表现为 J>F>CK>Z,2015 年表现为添加有机物料处理均高于对照,但 Z

处理、J 处理与对照差异未达到显著水平。综上所述，三种有机物料还田方式对提高小麦氮素利用效率的提高均有积极作用。

表 5-5 不同有机物料还田方式下小麦氮素利用效率

年份	处理	氮素积累量 TNNA/(kg/hm²)	氮素偏生产力 NPFP/(kg/hm²)	氮素利用效率 NUE/(kg/hm²)	氮素收获指数 NHI
2014	CK	427.03b	33.65b	21.28b	0.56b
	F	482.40a	47.33a	22.52a	0.58b
	Z	509.69a	38.53a	17.35b	0.45c
	J	404.94b	38.63a	23.18a	0.66a
2015	CK	414.01b	33.83b	19.90b	0.51b
	F	458.95a	42.61a	23.62a	0.64a
	Z	428.85b	40.74a	21.80b	0.54b
	J	422.76b	38.63a	22.20a	0.56b

5.2.4 土壤硝态氮含量

氮素在土壤中有多种存在形态，它们能够在微生物的参与下发生各种反应，植物对硝态氮的利用是吸收氮素的主要形式。不同有机物料还田方式下麦田土壤硝态氮含量的动态变化如图 5-8 所示。土壤中硝态氮含量变化趋势呈现为随生育期先逐渐升高再缓慢减少的趋势。在各时期，F、Z 处理在 0~20 cm、20~40 cm 土层的硝态氮含量均明显高于对照组。返青期，60~80 cm、80~100 cm 土层 F、Z 处理的硝态氮含量较低，显著低于对照与 J 处理；与返青期相比，拔节期的土壤硝态氮含量增大，可能是由于取样前进行了灌水施肥活动，使土壤的硝态氮含量有所升高，拔节期 60~100 cm 的土层表现为添加有机物处理显著低于对照；开花期，0~20 cm 土层 F 处理硝态氮含量显著高于其他处理，其他处理间无显著差异，60~100 cm 的土层四个处理间均无显著差异；至小麦成熟，F 处理 60~100 cm 土层的硝态氮含量降低，显著低于其他处理。可知添加有机物料代替氮肥能够使耕作层的硝态氮含量升高,促进植株对氮素的利用。

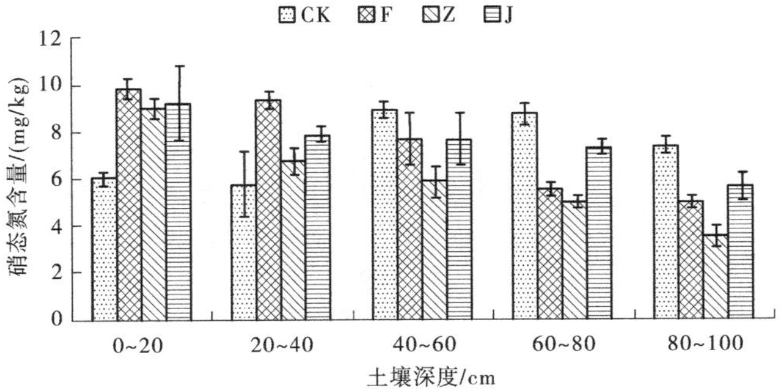

(a)返青期

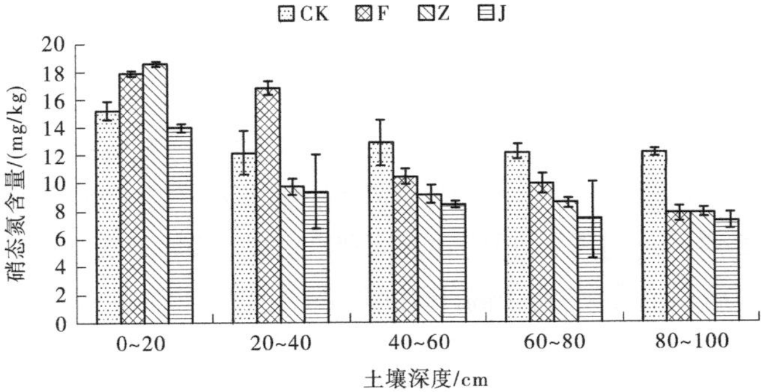

(b)拔节期

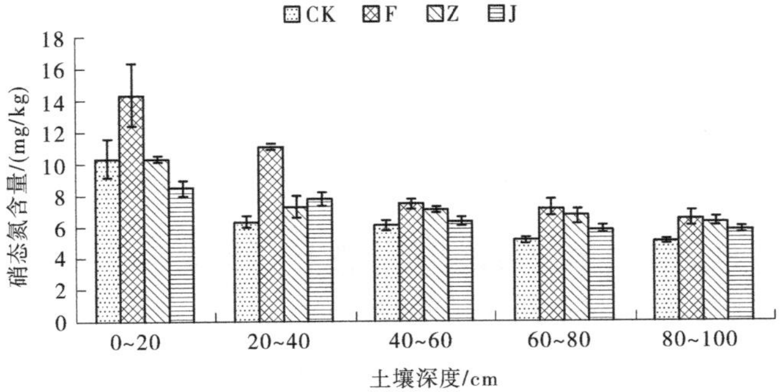

(c)开花期

图 5-8　不同有机物料还田方式下麦田土壤硝态氮含量的动态变化(2015 年)

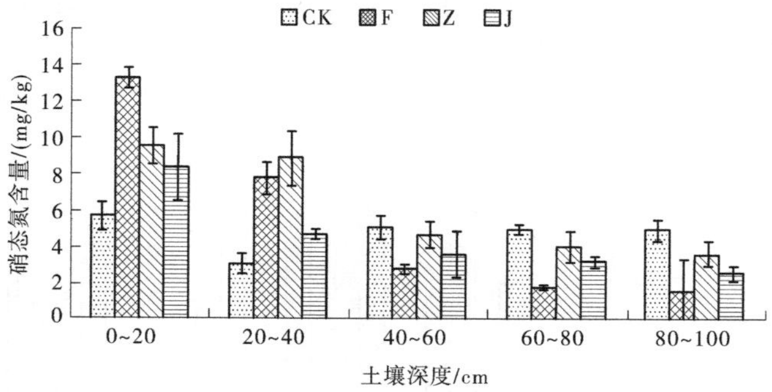

(d)成熟期

续图 5-8

5.2.5 土壤碱解氮含量

土壤碱解氮是植物能够直接吸收利用的生物有效态氮,能比较真实地显示土壤中氮素供给情况。三种添加物还田对土壤碱解氮含量的影响有差别。由图 5-9 可知,在返青期,添加牛粪、菌渣在 0~60 cm 土壤层的碱解氮含量均显著高于对照与 J 处理,其中牛粪还田>菌渣还田,秸秆还田与对照无明显差异;拔节期,J 处理的碱解氮含量明显增大,在 0~40 cm 土壤层显著高于其他处理,其他处理无明显差异;开花期与成熟期耕作层牛粪还田、菌渣还田的碱解氮含量与其他处理差异显著,J 处理与对照组无明显差异。因此,添加有机物料尤其是牛粪、菌渣对土壤碱解氮含量有促进作用。

5.2.6 麦田氮足迹分析

农业氮足迹可表述为:在一定条件下,为完成生产活动而投入的所有资源所直接或间接占用和排放的活性氮之和。不同有机物料还田方式下麦田氮足迹分析如表 5-6 所示。生产资料投入方面,化肥是农业生产中氮足迹的主要来源。虽然 F、Z、J 处理中有机物料的添加增加了占用活性氮的总量,但是由于减施氮肥处理,总体还是表现为小于对

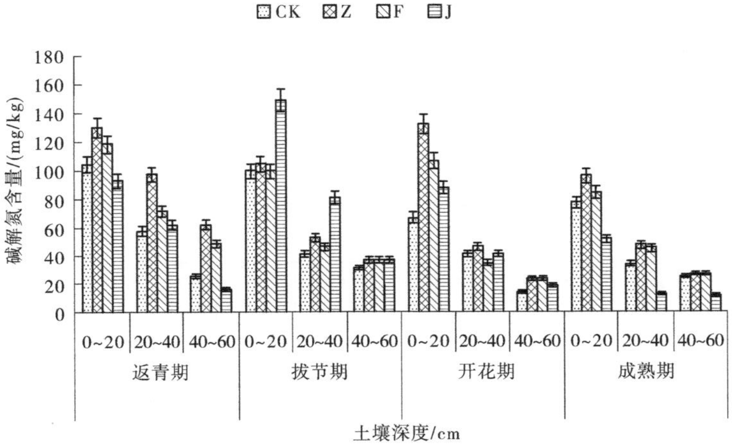

图 5-9　不同有机物料还田方式下麦田土壤碱解氮含量的动态变化(2015 年)

照。机械能源方面包括整地、收获以及添加的有机物料的运输过程对柴油的消耗,F、Z、J 处理由于有机物料的运输过程能源消耗大于对照。自然挥发方面 F 处理排放量最少,三个处理均小于对照。输出氮足迹方面以经济产量和秸秆生物量计,农产品收获氮足迹表现为:2014 年,CK<J<Z<F;2015 年,Z<CK<J<F。除对照组外,小麦的秸秆废弃物在下季玉米种植中还田处理。综上所述,两年间三种有机物料的总氮足迹均显著小于对照。F 处理对投入氮的有效利用水平显著大于其他处理,Z 处理与对照相比较低,J 处理在 2014 年高于对照,2015 年与对照差异不明显。

表 5-6　不同有机物料还田方式下麦田氮足迹分析

年份	处理	生产氮足迹/kg				输出氮足迹/kg			有效利用水平
		种子	化肥	有机肥	机械能源	自然挥发	农产品收获	秸秆废弃物	
2014	CK	0.06	3.73	0	1.55	0.03	3.76	2.14	0.70b
	F	0.06	3.17	0.18	2.05	0.01	3.92	0	0.72a
	Z	0.06	3.17	0.33	2.23	0.02	3.91	0	0.68b
	J	0.06	3.35	0.08	1.79	0.02	3.85	0	0.73a
2015	CK	0.06	3.73	0	1.41	0.03	3.24	2.47	0.62b
	F	0.06	3.17	0.18	1.91	0.01	3.63	0	0.69a
	Z	0.06	3.17	0.33	2.06	0.02	3.22	0	0.58c
	J	0.06	3.35	0.08	1.65	0.02	3.28	0	0.64b

5.3　秸秆还田和减量施肥下土壤-作物碳素利用变化

5.3.1　土壤有机碳

不同秸秆还田方式下土壤有机碳含量的动态变化(2013 年)如图 5-10 所示,由图 5-10 可知,返青期三种秸秆还田处理 20~40 cm 土层的有机碳含量显著低于对照。拔节期秸秆发酵还田(Z)处理 0~40 cm 土层的有机碳含量显著高于对照,秸秆直接还田(J)和秸秆过腹还田(F)处理 20~40 cm 土层的有机碳含量显著高于对照。开花期秸秆发酵还田(Z)和秸秆直接还田(J)处理 0~20 cm 土层的土壤有机碳含量显著高于对照。成熟期秸秆过腹还田(F)处理 0~60 cm 土层的土壤有机碳含量显著高于对照,秸秆发酵还田(Z)处理 20~40 cm、80~100 cm 土层的有机碳含量显著高于对照,秸秆直接还田(J)处理 20~40 cm 土层的有机碳含量显著高于对照。说明三种秸秆还田方式对耕层 0~40 cm 土层的有机碳含量有很好的提高作用,不同秸秆还田方式对不同生育时期效果不同。

2014 年和 2015 年不同有机物料还田方式下土壤有机碳含量的动态变化分别如图 5-11、图 5-12 所示。由图 5-11、图 5-12 可知,麦田有机碳含量随生育期的推进而减少,在成熟期逐渐增高。2014 年和 2015 年数据均表明,F 与 J 处理的 0~20 cm 土壤有机碳含量在各个生育时期均显著大于对照组,在 2014 年返青期 Z 与对照无明显差异,开花期时增高,与对照相比显著增高。20~60 cm 的土层添加物处理与对照间无显著差异。2015 年除成熟期外,0~20 cm 的土层三个添加有机物处理的有机碳含量均明显大于对照,20~40 cm 的土层 F 处理在返青期、拔节期显著较对照高,其他处理间无显著差异。在成熟期,20~60 cm 的土层除 J 处理外均显著高于对照。说明三种处理均能使耕层有机碳含量明显提升。

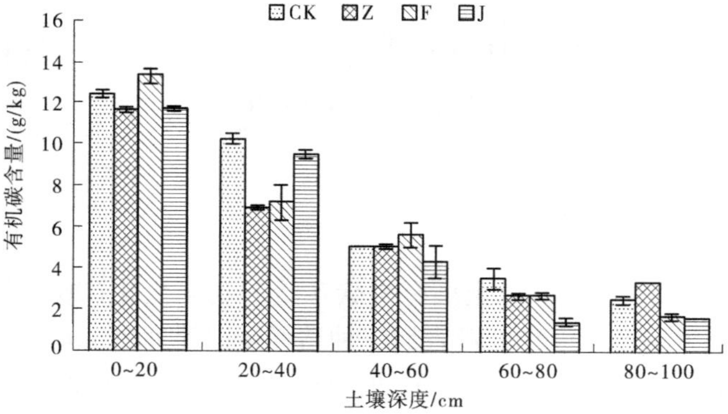

(a)返青期

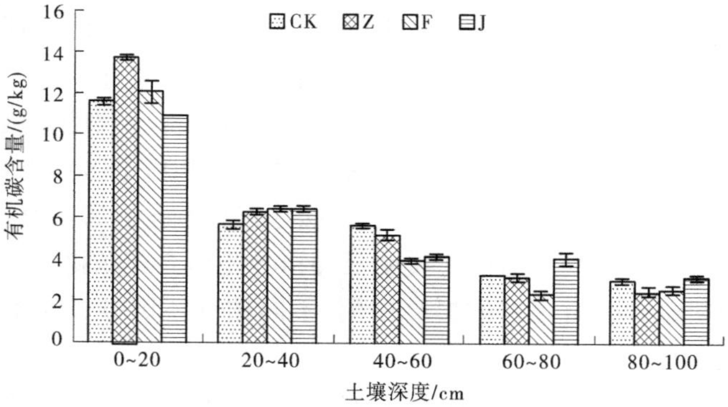

(b)拔节期

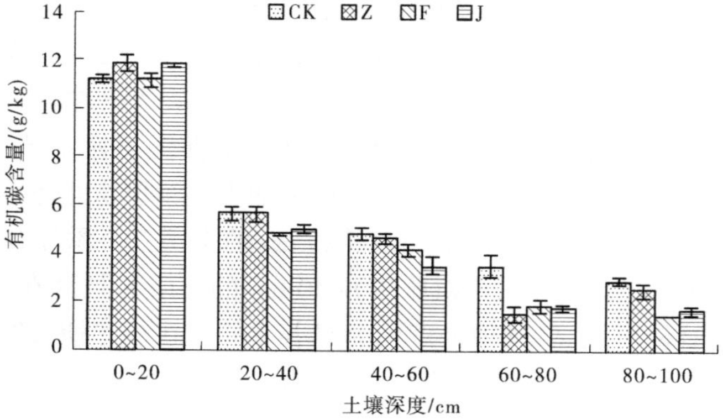

(c)开花期

图 5-10　不同秸秆还田方式下土壤有机碳含量的动态变化(2013 年)

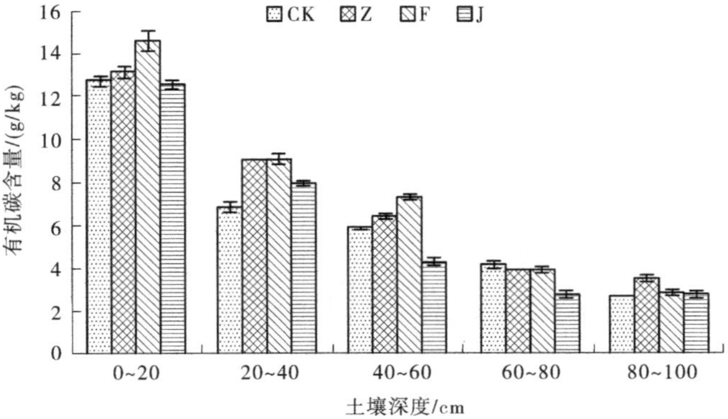

(d)成熟期

续图 5-10

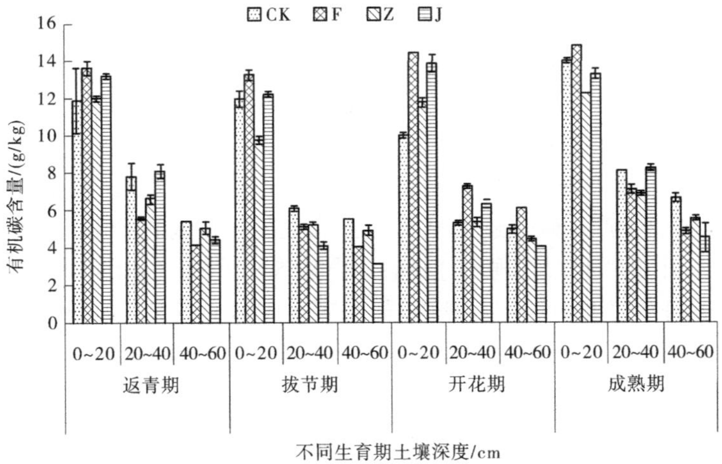

图 5-11　不同有机物料还田方式下土壤有机碳含量的动态变化(2014 年)

5.3.2　麦田碳足迹分析

农业生产过程中的“碳足迹计算”指在农业生产过程中的碳移除

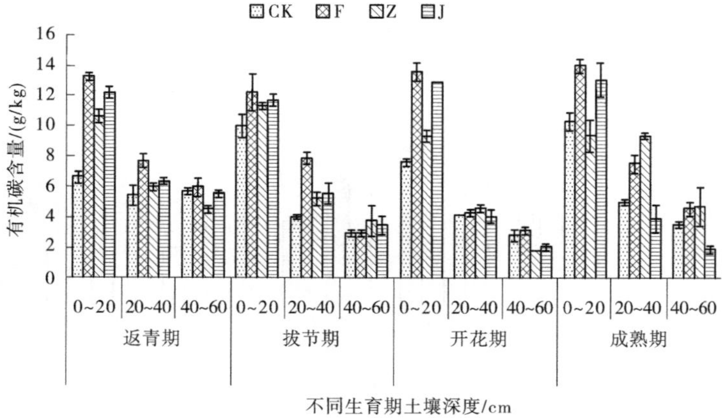

图 5-12　不同有机物料还田方式下土壤有机碳含量的动态变化(2015 年)

与生产过程中直接或间接引起的 CO_2 及其他温室气体排放量的差值，亦即“汇”与“源”的差值。由表 5-7 可见，三种培肥措施带来的总的碳排放量均显著大于对照，J 处理的碳吸收量显著高于对照，F 和 Z 处理的碳吸收量与对照差异不显著。

从碳循环的角度来说，农业生产活动过程也就是碳的输入和输出过程，农业生产中碳足迹的估算即指农业生产中总的碳吸收量与排放量的差值，即“汇”与“源”的差值。由表 5-8 可知，2014 年 F 和 J 处理总的碳排放量与对照无显著差异，总碳吸收量显著高于对照，Z 处理总的碳排放量与总碳吸收量均小于对照。碳足迹的大小表现为 J<F<CK<Z。2015 年，J 处理的碳排放量降低，并显著低于对照，F 处理与对照相比显著较高，Z 处理与对照差异不显著。三个添加物处理总的碳吸收量均大于对照，碳足迹表现为 F<Z<J<CK，表明添加有机物料可以明显降低麦田生态系统碳足迹。

表 5-7　不同秸秆还田方式下麦田的碳足迹分析

单位：kg/hm²

处理	农药	农田灌溉	农业机械	化肥	土壤呼吸	总碳排放量	总碳吸收量	碳收支
CK	+14.80	799.44	+52.73	+179.12	+1 518.083	2 564.175b	−9 159.19b	−6 595.01b
J	+7.40	799.44	+87.88	+161.21	+1 654.111	2 710.043a	−11 148.75a	−8 438.71a
Z	+7.40	799.44	+87.88	+152.25	+1 610.358	2 657.334a	−9 178.67b	−6 521.33b
F	+7.40	799.44	+87.88	+152.25	+1 629.642	2 676.619a	−9 014.31b	−6 337.69b

注："+"代表碳排放；"−"代表碳吸收。

表 5-8　不同有机物料还田方式下麦田的碳足迹分析

单位：kg/hm²

年份	处理	农药	农田灌溉	农业机械	化肥	土壤呼吸	总碳排放量	总碳吸收量	碳收支
2014	CK	14. 8	20. 48	32. 05	179. 12	1 255. 12	1 501. 57a	−9 981. 94b	−8 480. 37b
	F	7. 4	20. 48	67. 2	152. 25	1 265. 73	1 513. 06a	−10 389. 21a	−8 876. 15b
	Z	7. 4	20. 48	67. 2	152. 25	1 232. 86	1 480. 19b	−9 032. 47bc	−7 552. 28c
	J	7. 4	20. 48	67. 2	161. 21	1 235. 31	1 491. 60a	−11 517. 28a	−10 025. 67a
2015	CK	14. 8	20. 48	32. 05	179. 12	1 195. 95	1 442. 40b	−9 027. 43c	−7 585. 03c
	F	7. 4	20. 48	67. 2	152. 25	1 454. 89	1 702. 22a	−13 227. 82a	−11 725. 96a
	Z	7. 4	20. 48	67. 2	152. 25	1 254. 53	1 501. 86b	−10 932. 49b	−9 230. 27b
	J	7. 4	20. 48	67. 2	161. 21	1 094. 24	1 350. 53c	−9 989. 51b	−8 638. 98b

5.3.3　小麦生物量和系统净初级生产力

不同秸秆还田方式下小麦生物量和系统净初级生产力的变化如图 5-13 所示。由图 5-13 可知，在小麦生长初期，小麦地上和地下生物量增加缓慢，越冬期时 F 和 Z 处理与对照相比有较高的生物量，J 处理的生物量与对照相比差异不显著。从返青期到开花期小麦生长加快，J 处理生长速度显著大于对照，因此在拔节后各个生长期，J 处理的生物量均高于对照。拔节后，F 和 Z 处理生长速度开始大于对照，到开花期时 F 和 Z 处理生物量与对照相比没有显著差异。

苗期—越冬期由于气温低，小麦生物量增加缓慢。返青期开始，气温回升，小麦生长迅速，生物量积累加快。越冬—返青期 F 和 Z 处理净初级生产力（NPP）显著高于对照，J 处理高于对照但未达显著水平；返青期—拔节期 J 处理净初级生产力（NPP）显著高于对照，但 F 和 Z 处理显著低于对照；拔节期—开花期 F 和 Z 处理净初级生产力（NPP）显著高于对照，J 处理净初级生产力（NPP）高于对照但未达显著水平。开花期—成熟期 J 和 Z 处理净初级生产力（NPP）显著高于对照，F 处理与对照差异不显著。说明秸秆直接还田（J）处理从返青期开始，秸秆过腹还田（F）和发酵还田（Z）从拔节期开始，对小麦干物质积累有积极影响。

5.3.4　麦田生态系统碳收支动态

土壤中有机碳的平衡取决于矿化量和积累量之间的盈亏，农田有机碳损耗主要是土壤有机碳被微生物分解矿化成 CO_2 释放到大气中。不同秸秆还田方式下小麦在不同生长季节碳收支动态如图 5-14 所示，麦田生态系统苗期表现为碳的弱源，从越冬期开始到花后表现为碳汇。各处理最高的碳排放量均出现在播种到苗期，最大碳吸收量均出现在花后。设各处理碳排放为正值，碳吸收为负值，系统净生态生产力（NEP）为正值时，表示系统是大气 CO_2 的吸收“汇”；反之为大气 CO_2 的排放“源”。由图 5-14 可知，从播种到苗期，各处理的碳排放均大于其碳吸收，J、F 和 Z 处理 NEP 分别为 1.71 kg(C)/(hm^2 · d)、3.16

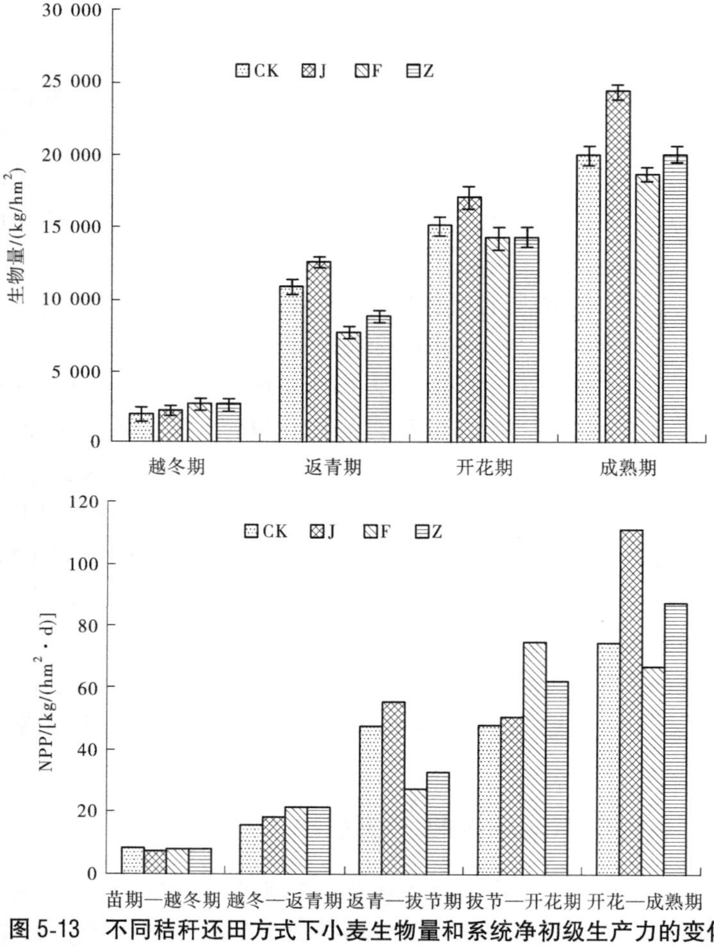

图 5-13　不同秸秆还田方式下小麦生物量和系统净初级生产力的变化

kg(C)/(hm^2 · d)和 2.82 kg(C)/(hm^2 · d),小麦农田生态系统为弱的碳源。从越冬期到收获各处理的碳排放均小于其碳吸收,小麦农田生态系统均表现为碳汇,各处理最大 NEP 均出现在花后灌浆阶段。在越冬期和拔节期 J 处理的 NEP 值与对照差异不显著,但 F 和 Z 处理的 NEP 值显著大于对照。开花后,三个培肥的 NEP 值均显著高于对照,尤其是 J 处理有最大的 NEP 值。

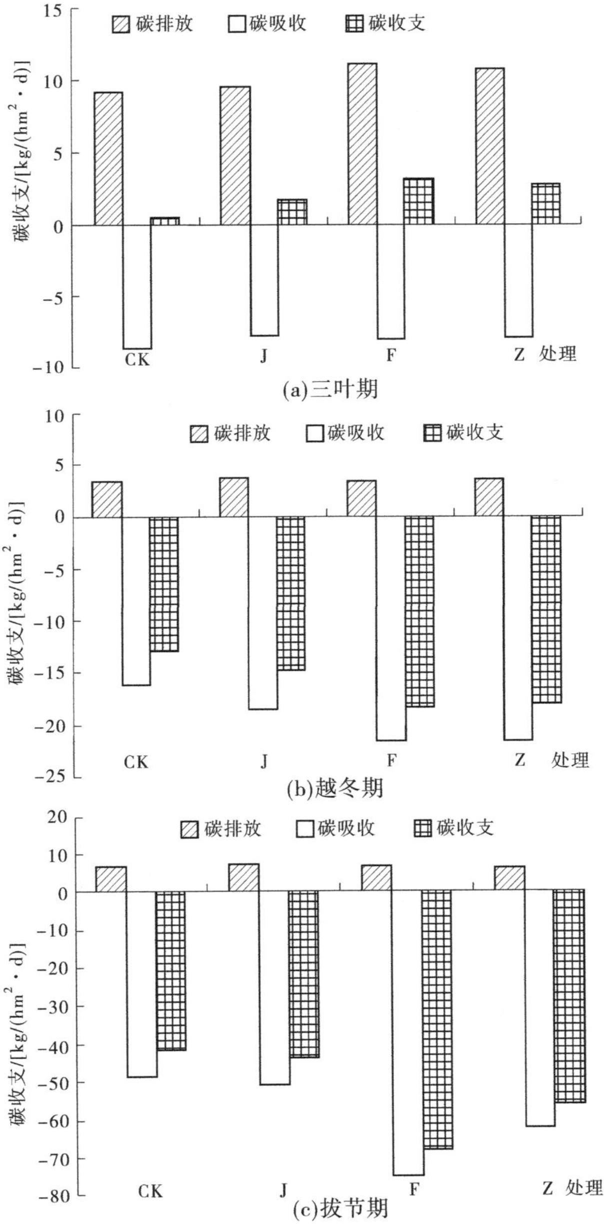

图 5-14　不同秸秆还田方式下小麦在不同生长季节碳收支动态

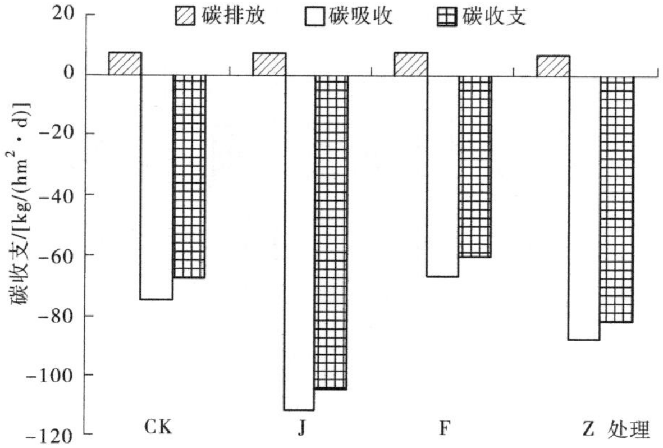

(d)开花期

续图 5-14

5.3.5 麦田生态系统碳收支估算

本研究在假定小麦果实和秸秆中的碳没有从大田中迁出的前提下,计算不同秸秆还田方式下麦田的碳收支情况(见表 5-9)。不同培肥处理对麦田的土壤呼吸、生物量和产量均有显著的影响。J、F 和 Z 处理土壤 CO_2 释放量均显著大于对照。J 处理显著提高了小麦的生物量和籽粒产量,F 和 Z 处理对生物量没有显著影响,但显著提高了籽量产量。J 处理的净生态生产力(NEP)显著高于对照,F 处理的净生态生产力(NEP)显著小于对照,Z 处理的净生态生产力(NEP)与对照差异不显著。

表 5-9　不同秸秆还田方式下麦田碳收支

处理	土壤 CO_2 总释放量/（kg/hm^2）	总生物量/（kg/hm^2）	作物产量/（kg/hm^2）	总碳排放量/（kg/hm^2）	总碳吸收量/（kg/hm^2）	NEP/[kg/（hm^2）]
CK	5 566. 303	19 985. 13	9 845. 49	1 518. 083b	-9 159. 19b	-7 641. 1b
J	6 065. 073	23 326. 33	10 725. 54	1 654. 111a	-11 148. 8a	-9 494. 64a
Z	5 904. 645	20 027. 64	11 210. 56	1 610. 358a	-9 178. 67b	-7 568. 31b
F	5 975. 355	19 669. 02	10 048. 48	1 629. 642a	-9 014. 31c	-7 384. 67c

注：作物产量=籽粒产量。

第 6 章　不同有机物料还田对麦田生态系统服务价值的影响

作为人与自然相互协作、相辅相成的生态系统，农田生态系统的服务功能和价值拥有它的独特性。本次研究选取农产品服务价值、积累有机质功能价值、净化环境功能价值、涵养水分的功能价值、气候调节功能价值等几个指标，进行货币化估算，尝试对不同有机物料还田的作用进行量化评价。

6.1　农产品服务价值分析

利用市场价值法，以农产品的净增价值表示各处理提供的农产品服务价值。计算式为

$$\text{农产品服务价值} = \text{经济产量} \times \text{市场价格} - \text{生产成本} \quad (6\text{-}1)$$

$$\text{生产成本} = \text{生产资料} \times (\text{种子投入} + \text{化肥投入} + \text{农药投入}) + \text{机械投入} + \text{劳动力成本} \quad (6\text{-}2)$$

不同秸秆还田方式下麦田农产品服务价值如表 6-1 所示，由表 6-1 可知，由于三种处理减量了一定比例的化肥，故三个处理的生产资料消耗小于对照，同时向农田中运送有机肥的过程导致机械投入比对照高，综合计算后秸秆直接还田(J)和发酵还田(Z)处理的农产品服务价值显著高于对照，秸秆过腹还田(F)处理的农产品服务价值与对照相比差异不显著。

不同有机物料还田下麦田农产品服务价值如表 6-2 所示，除 2014 年 Z 产量低于对照，其经济价值小于对照外，2014 年和 2015 年有机物料添加处理的经济价值均高于对照。由于三种处理添加有机物料的同时减量施加氮肥，故生产资料消耗小于对照；有机物料的运输与施入导致较高的机械投入，对照处理化肥的施入消耗较多的劳动力成本。综

上所述,三种添加有机物处理能够显著提高农产品的服务价值。

表6-1　不同秸秆还田方式下麦田农产品服务价值

单位:元/hm^2

处理	经济产量	生产资料	机械投入	劳动力成本	农产品服务价值
CK	9 845.49	3 000	2 400	2 700	1 745.49b
J	10 725.54	2 610	3 150	2 250	2 715.54a
Z	11 210.56	2 490	3 150	2 250	3 320.56a
F	9 670.48	2 490	3 150	2 250	1 780.48b

表6-2　不同有机物料还田下麦田农产品服务价值

单位:元/hm^2

年份	处理	经济价值	生产资料	机械投入	劳动力成本	农产品服务价值
2014	CK	21 021.06	3 000	2 400	2 700	12 921.06b
	F	21 671.08	2 490	3 150	2 250	13 781.08a
	Z	20 051	2 490	3 150	2 250	12 161.00b
	J	21 311.06	2 610	3 150	2 250	13 301.06a
2015	CK	21 921.1	3 000	2 100	2 700	14 121.10c
	F	23 473.17	2 490	2 850	2 250	15 883.17a
	Z	22 441.12	2 490	2 850	2 250	14 851.12b
	J	22 529.13	2 610	2 850	2 250	14 819.13b

6.2　气候调节价值分析

根据光合作用方程:

$$CO_2(246\ g) + H_2O(108\ g) \rightarrow C_6H_{12}O_6(108\ g) + O_2(193\ g) \rightarrow \text{多糖}(162\ g) \quad (6\text{-}3)$$

可知,植物每生产 162 g 干物质可吸收固定 246 g CO_2,释放 193 g O_2,即植物每生产 1 g 干物质可吸收固定 1.52 g CO_2,释放 1.2 g O_2。将 CO_2 固定量折算为纯碳,折算系数为 0.279。固碳价值按照碳税和造林成本法取平均值计算。依据《生物多样性国情研究报告》所公布的瑞典碳税率 150 美元/t,2010 年折合人民币 1 024.8 元/t(2010 年人民币对美元平均汇率为 6.832),目前我国平均造林成本为 260.9 元/t,两者平均值为 642.85 元/t。

$$V_c = Q \times E_c \times F_c \times P_c \tag{6-4}$$

式中　V_c——固碳价值;

Q——作物生物量;

E_c——固碳系数,取 1.52;

F_c——纯碳折算系数,取 0.279;

P_c——固碳成本,为 642.85 元/t。

作物释氧价值按照工业制氧影子价格法计算,目前我国工业制氧成本为 650 元/t,计算式如下:

$$V_o = Q \times E_o \times P_o \tag{6-5}$$

式中　V_o——制氧价值;

Q——作物生物量;

E_o——制氧系数,取 1.2;

P_o——制氧成本,为 650 元/t。

不同秸秆还田方式下麦田气候调节价值如表 6-3 所示,秸秆直接还田(J)处理的生物量、固碳价值、制氧价值、气候调节总价值显著高于对照,F 和 Z 处理与对照相比差异不显著。

表 6-3　不同秸秆还田方式下麦田气候调节价值

处理	生物量/(kg/hm^2)	固碳价值/(元/hm^2)	制氧价值/(元/hm^2)	总价值/(元/hm^2)
CK	19 985.13b	5 842.631b	15 588.4b	41 416.16b
J	24 326.33a	7 111.774a	18 974.53a	50 412.63a
Z	20 027.64b	5 855.058b	15 621.56b	41 504.26b
F	19 669.02b	5 750.216b	15 341.84b	40 761.07b

通过对各处理的气候调节价值(表6-4)计算可知,2014年J处理在固碳价值、制氧价值及气候调节总价值方面显著高于其他处理,F处理高于对照,但差异不显著,Z处理低于对照。2015年F处理在各方面均显著高于其他处理,其他处理间差异不显著,表现为:F>Z>J>CK。说明添加有机物料处理对麦田生态系统的气候调节价值的提高有不同程度的促进作用。

表6-4 不同有机物料还田下麦田气候调节价值

年份	处理	生物量/(kg/hm^2)	固碳价值/(元/hm^2)	制氧价值/(元/hm^2)	总价值/(元/hm^2)
2014	CK	21 780.36b	6 367.46b	16 988.68b	45 136.50b
	F	22 669.02b	6 627.26b	17 681.84b	46 978.12b
	Z	19 708.65c	5 761.80c	15 372.74c	40 843.20c
	J	25 130.43a	7 346.85a	19 601.74a	52 079.02a
2015	CK	18 601.75b	5 438.20c	14 509.37c	38 549.32c
	F	27 257.00a	7 968.55a	21 260.46a	56 486.014a
	Z	22 527.28b	6 585.83b	17 571.28b	46 684.39b
	J	20 584.20b	6 017.77b	16 055.68b	42 657.64b

6.3 养分循环价值分析

耕地生态系统中的作物成熟后,地上部分被收获,籽粒用于食用,秸秆可通过还田、饲料或堆肥等方式,最终仍能把养分归还土地,这动态地表示了耕地生态系统维持营养物质循环的功能,即通过养分循环给人类经济产量提供了物质保障。因此,根据耕地生态系统中各类还田物料用量、所含营养成分、营养成分市场价格等数据可以评价其维持营养物质循环的价值,计算方式如下:

$$V_{\mathrm{f}} = \sum S \times C_i \times P_i \quad (i = \mathrm{N、P、K}) \tag{6-6}$$

式中 V_f——耕层土壤养分循环价值；

S——还田物料，kg/hm²；

C_i——还田物料中氮、磷、钾的纯含量；

P_i——氮、磷、钾的肥料市场价格。

本书研究氮、磷、钾含量均按20%折算为相应肥料量计算价格。通过计算各不同秸秆还田方式下麦田养分循环价值（见表6-5）可知，三个培肥处理的养分循环价值均显著高于对照。

表6-5 不同秸秆还田方式下麦田养分循环价值

处理	N/（kg/hm²）	P/（kg/hm²）	K/（kg/hm²）	营养循环价值/（元/hm²）
CK	11.9	7.8	25.2	59.3d
J	71.1	46.8	151.2	355.5c
Z	172.4	166.8	278.7	861.8a
F	149.7	100.8	169.2	748.5b

6.4 涵养水分价值分析

有机物料还田后促进了耕层蓄水量。结合试验数据，运用影子工程法定量评价农田生态系统涵养水分的功能价值。其式为：

$$V = W \times C \tag{6-7}$$

式中 V——农田涵养水分价值，元/hm²；

W——单位面积农田蓄水量，t/hm²；

C——水库蓄水成本，0.67元/t。

通过计算各处理的涵养水分价值（见表6-6）可知，三个培肥处理在返青期和成熟期两个生长阶段的涵养水分价值均显著高于对照。

表 6-6　不同秸秆还田方式下麦田涵养水分价值

处理	土壤含水量/%		土壤蓄水量/(t/hm²)		涵养水分价值/(元/hm²)	
	返青期	成熟期	返青期	成熟期	返青期	成熟期
CK	16.661 31	15.224 72	2 715.794	2 481.629	1 819.582c	1 662.691c
J	20.14	16.563 02	3 282.82	2 699.773	2 199.489a	1 808.848ab
Z	18.137	16.111 18	2 956.331	2 626.122	1 980.742b	1 759.502b
F	18.933	16.985 97	3 086.079	2 768.713	2 067.673b	1 855.038a

不同有机物料还田方式下麦田涵养水分价值如表 6-7 所示,由表 6-7 可知,2014 年和 2015 年数据均表明,添加有机物料对麦田耕作层土壤蓄水量有显著的提高作用,三种添加物料处理与对照相比涵养水分价值均提高,并达到了显著水平,其中 2014 年 F、Z、J 处理较对照分别提高了 2.9%、2.4%、5.2%;2015 年 F、Z、J 处理较对照分别提高了 5%、2.4%、3.5%。说明有机物料还田能够提升麦田生态系统的涵养水分价值。

表 6-7　不同有机物料还田方式下麦田涵养水分价值

年份	处理	土壤含水量/%	土壤蓄水量/(t/hm²)	涵养水分价值/(元/hm²)
2014	CK	14.67	2 391.64	1 602.40c
	F	15.1	2 460.7	1 648.67b
	Z	15.03	2 449.25	1 641.00b
	J	15.43	2 515.69	1 685.51a
2015	CK	14.51	2 364.42	1 584.16c
	F	15.24	2 484.52	1 664.63a
	Z	14.85	2 420.01	1 621.41b
	J	15.01	2 446.25	1 638.99b

6.5　土壤积累有机质功能价值分析

采用土壤有机质持留法对农田生态系统保持的有机质物质量进行量化，而后运用机会成本法将农田系统土壤有机质持留量价值化，评价农田生态系统保持土壤肥力、积累有机质的价值。其价值计算式为：

$$V = S \times T \times \rho \times \text{OM} \times P \tag{6-8}$$

式中　S——单位作物种植面积，hm^2；

T——表层土壤厚度，20 cm；

ρ——土壤容重，g/cm^3；

OM——土壤有机质含量，g/kg；

P——有机质价格，元/t，根据薪材转换成有机质的比例为 2∶1 和薪材的机会成本价格为 51.3 元/t 来换算。

通过计算各处理的土壤积累有机质功能价值（见表 6-8）可知，三个培肥处理的土壤积累有机质功能价值均显著高于对照。

表 6-8　不同秸秆还田方式下麦田土壤积累有机质功能价值

处理	有机碳含量/(g/kg)	土壤碳储量/(t/hm^2)	积累有机质功能价值/(元/hm^2)
CK	9.249 519	5 290.725c	935.836 1c
J	10.623 35	6 076.556ab	1 074.836ab
Z	11.329 46	6 480.451a	1 146.278a
F	10.231 26	5 852.278b	1 035.165b

不同有机物料还田方式下麦田土壤积累有机质功能价值见表 6-9，由表 6-9 可知，不同有机物料还田后使麦田土壤碳储量提高，在 2014 年和 2015 年中 F 处理与对照相比均达到了显著水平，积累有机质功能价值最大。Z、J 处理的积累有机质功能价值也高于对照组，但不显著，2014 年 F 处理的积累有机质功能价值较对照高 14.26%。2015 年 Z、F

处理的土壤碳储量及积累有机质功能价值显著高于对照，F、Z 处理的积累有机质功能价值分别比对照高 36. 36%、27. 27%。J 处理与对照无显著差异。说明有机物料还田有益于麦田土壤积累有机质功能价值的升高。

表 6-9　不同有机物料还田方式下麦田土壤积累有机质功能价值

年份	处理	有机碳含量/(g/kg)	土壤碳储量/(t/hm^2)	积累有机质功能价值/(元/hm^2)
2014	CK	12. 96	7 412. 82b	1 311. 20b
	F	14. 81	8 470. 02a	1 498. 20a
	Z	13. 25	7 580. 14b	1 340. 79b
	J	13. 32	7 616. 61b	1 347. 24b
2015	CK	10. 24	5 857. 85b	1 036. 15b
	F	13. 97	7 987. 98a	1 412. 93a
	Z	13. 03	7 455. 45a	1 318. 74a
	J	9. 31	5 325. 32b	941. 96b

6. 6　净化环境功能价值分析

不同有机物料还田方式下麦田净化环境功能价值如表 6-10 所示。通过在农田里添加粪肥、菌渣以及秸秆，使之在自然条件下分解，并作为有机肥料提高土壤中有机质含量，维持耕地养分平衡，减少了这些废物的处理成本，起到净化环境的重要作用。因此 F、Z、J 处理增加了麦田生态系统的净化环境价值。

表 6-10　不同有机物料还田方式下麦田净化环境功能价值

年份	处理	作物产量/(kg/hm²)	需氮量/(kg/hm²)	净化环境价值/(元/hm²)
2014	CK	10 510. 53	283. 78	0d
	F	10 835. 54	292. 56	462. 51a
	Z	10 025. 50	270. 69	154. 03b
	J	10 655. 53	287. 70	53. 27c
2015	CK	9 133. 79	246. 61	0d
	F	9 780. 49	264. 07	417. 48a
	Z	9 350. 47	252. 46	143. 66b
	J	9 387. 14	253. 45	46. 93c

6.7　麦田生态系统服务总价值

通过对各处理的生态系统服务价值汇总得出麦田生态系统服务总价值(见表 6-11),由表 6-11 可知,2014 年 F、J 处理的生态系统服务总价值显著高于对照,Z 处理由于气候调节价值较低,其生态系统服务总价值低于对照。2015 年三个处理在各方面均显著高于对照,Z、J 处理间差异不显著,表现为:F>Z>J>CK。说明添加有机物料处理显著提高了麦田生态系统的生态服务价值,对改善麦田生态环境有积极作用。

表 6-11　不同有机物料还田下麦田生态系统服务总价值

年份	处理	农产品服务价值/(元/hm²)	积累有机质功能价值/(元/hm²)	净化环境价值/(元/hm²)	涵养水分价值/(元/hm²)	气候调节价值/(元/hm²)	生态服务总价值/(元/hm²)
2014	CK	12 921.06	1 311.20	0	1 602.40	45 136.50	60 971.16c
	F	13 781.08	1 498.20	462.51	1 648.67	46 978.12	64 368.58b
	Z	12 161.00	1 340.79	154.03	1 641.00	40 843.20	56 140.02d
	J	13 301.06	1 347.24	53.27	1 685.51	52 079.02	68 466.11a
2015	CK	14 121.10	1 036.15	0	1 584.16	38 549.32	55 290.72c
	F	15 883.17	1 412.93	417.48	1 664.63	56 486.01	75 864.23a
	Z	14 851.12	1 318.74	143.66	1 621.41	46 684.39	64 619.31b
	J	14 819.13	941.96	46.93	1 638.99	42 657.64	60 104.65b

第7章 结论与讨论

7.1 秸秆还田和减量施肥对麦田生态系统水氮利用的影响

水分和肥力在作物的整个生育时期都起着至关紧要的作用,他们在植株的生长进程中相辅相成,是制约作物产量的重要因素。有机培肥能提高资源利用效率、节约成本、增加效率,是提高土壤肥力和发展有机的、可持续农业的不可替代的有效途径。土壤的保墒保水能力与土壤质地、结构和土壤养分含量息息相关。有机物料施入土壤后改变土壤孔隙度和团聚程度,调节土壤水、肥、气、热以及全面、持续地供给作物养分,最终改变土壤的保水能力,一定程度上协调作物需水与土壤供水之间的矛盾。劳秀容等(2002)研究指出秸秆直接还田能显著提高土壤养分,增强土壤蓄水能力,进而提高作物产量。张忠学等(2000)研究发现秸秆还田和增施有机肥后可以有效减少田间耗水量,调整小麦和玉米的耗水结构,进而提高水分利用效率,对土壤水分的影响深度可达 2 m。本书试验的研究结果表明:有机物料还田处理在不同程度上提高了土层的含水量,尤其是深层土层的含水量,三种秸秆还田方式与对照相比均显著提高了开花前 0~80 cm 土层的土壤含水量。从水分利用效率方面来看,添加有机肥和秸秆还田有效地降低了田间耗水量,这与周怀平等(2013)连续 19 年试验的研究结论是一致的。牛粪还田使麦田的水分利用效率显著提高,灌溉水利用效率方面,秸秆还田与牛粪还田处理显著高于对照。

土壤肥力状况是农田生产力的重要制约因素之一,氮素是农业生产中限制植物生长和产量的首要因素,也是农作物从土壤中吸收量最多的营养元素。一般情况下,自然土壤中含有的氮素并不足够供给作物的生长需求,只有施加肥料才能保障作物优质高产,所以土壤中氮素的质量和数量对农业生产来说具有重要意义。全氮含量是土壤总氮量,也是供应农作物生长的主要氮素的源和库,能综合反映土壤的氮素情况。本书研究中,在各个生育时期三种秸秆还田方式均不同程度地增加了土壤中全氮含量。在 0~20 cm 的土层中,有机物料还田均大于对照,其中以添加牛粪和秸秆处理效果显著。小麦的生育后期耕作层含氮量以秸秆还田处理影响最为显著,也许是相对其他添加物而言,秸秆的腐解较缓慢,其氮素的释放也低于其他有机物料处理。自小麦开花期始,添加有机物料的土壤中氮含量与对照对比差异不显著,甚至低于对照处理,可能是因为添加有机物料促进了植株对耕作层氮素的吸收。这与朱利群(2010)的研究结果类似。到成熟期时,三种秸秆还田方式处理的深层土壤(60~100 cm)氮含量均显著低于对照,这说明三种秸秆还田方式促进了小麦在开花后对土壤深层氮的利用。

从营养意义上讲,土壤中能被植物直接利用的氮素主要是铵态氮和硝态氮。硝态氮也是土壤中存在的主要氮素形态,其多少取决于施用氮肥和有机肥料量。从有机物料还田和减量施肥对硝态氮的影响来看,本书试验中随着生育期的延长,土壤中硝态氮含量呈现先升高再降低的趋势,整个生育期牛粪还田和菌渣还田处理下,0~40 cm 土层有较高的硝态氮含量,并降低了硝态氮在 60~100 cm 土层的积累,说明与单施化肥相比,添加有机物料处理更能有效地提高小麦根区土壤中的硝态氮累积量。庞凤梅(2008)的研究也验证了这一结果。土壤碱解氮含量是指导科学平衡施肥的重要依据之一,是铵态氮(NH_4^+)、硝态氮(NO_3^-)、氨基酸、酰胺和易水解的蛋白质氮的总和。不同有机物料还田处理对土壤碱解氮含量有不同的影响,在整个生育期,碱解氮含量呈现“先升再降”的趋势。除拔节期外,添加牛粪和菌渣处理在整个生育期都显著提高了 0~60 cm 土层的碱解氮含量,秸秆还田处理在生育后期使土壤中的碱解氮含量升高,说明添加有机物料尤其是牛粪、菌渣对土壤碱解氮含量有积极的促进作用。

在农业生产中,施用氮肥是提高小麦产量的重要措施之一。大量研究表明,随着氮素营养水平的提高,小麦籽粒产量显著提高。但大量施用氮肥使农田生态系统氮素盈余不断增加，一旦超出了作物的吸收能力，不仅会造成氮肥利用效率降低，对生态环境也有严重影响。所以就需要通过有效地提高肥料的利用效率来提高产量。本书研究发现，添加有机物料处理时减施氮肥并没有降低小麦植株的氮素积累量，牛粪还田和菌渣还田处理还增加了氮素的积累量。从氮素偏生产力来看，添加有机物料处理均高于对照组，其中牛粪还田效果最好。从小麦氮素利用效率来看，2014 年和 2015 年数据均表明牛粪还田处理和秸秆还田处理显著增加了农作物的氮素利用效率。这与王玉军(2013)的研究结果一致。

研究表明，土壤酶活性是反映土壤质量的重要指标，有机肥和无机肥配合施用可以改善土壤理化性质，提高土壤酶活性，最终提高作物产量和品质。其中，土壤脲酶直接参与土壤中尿素的转化，与土壤氮含量息息相关。本书试验中，在生育初期，添加有机物料处理的土壤脲酶活性与对照无明显差异，可能是由于温度较低，有机物料腐解缓慢，微生物活性较低。拔节期后三个添加物处理的脲酶活性显著升高，说明不同有机物料还田处理在各时期均能提高土壤脲酶活性。

7.2　秸秆还田和减量施肥对小麦生理特征和产量的影响

叶绿素含量是植物重要的生理指标，其直接影响植物正常的光合作用甚至新陈代谢。叶绿素含量的变化，反映了植物叶片光合作用功能的强弱。汪洪焦等(2011)在华北地区的研究表明，不同生育时期小麦叶片 SPAD 值均表现为有机肥+化肥>秸秆+化肥>化肥，可见有机肥和秸秆的施用不同程度上增加了叶片的 SPAD 值。本书试验中，总体上有机培肥处理的 SPAD 值均高于单施化肥处理，虽然减施了部分氮肥，但并未减少小麦叶片叶绿素含量，这与李春明等(2010)的有机肥加无机肥可以提高小麦叶片叶绿素含量的结论一致，说明即使在一定程度上减施氮肥，秸秆、沼液、牛粪还田依然能增加小麦叶片叶绿素含量，提高生育后期叶片的光合能力，利于籽粒灌浆。

光合作用是植物维持生长的必需生命活动，是提高作物产量的生理基础，作物籽粒产量的 90%～95%都来源于光合作用。光合能力的强弱天赋虽然取决于物种的遗传特性，但适宜的栽培措施能显著促进其固有光合潜能的发挥。本书试验拔节期三个有机物料替代部分氮肥处理 P_n 均显著高于对照，抽穗期 Z 和 F 处理显著高于对照。这与路文涛等（2011）研究的增施有机肥能延缓叶片衰老、延长叶片功能期、提高冬小麦光合性能的结论相同。叶绿素荧光参数是植物叶片进行光合作用的过程中光系统对光能利用的内在反映。本书试验研究表明，自拔节期开始，三种有机物料还田的叶绿素荧光值与对照相比均显著提高，这与高海涛等（2010）的结论相同。

有机肥料不仅含有作物需要的大量和多种微量元素，同时含有大量有机物质，在保持和提高土壤肥力、改善和活化土壤养分库容、促进水肥协调、提高农作物产量等方面有着特殊作用。化肥与有机肥混合施用，能够改变土壤养分固定方式，促进植物对养分的利用，而且有机肥肥效稳定，可以提高化肥利用率，进而使作物增产，改善产品品质。周怀平等（2013）研究得出秸秆还田具有显著的增产增收效果，其中秸秆过腹还田的增产增收效果最为明显。陈楠等（2011）研究表明，返青期施用沼液可以明显促进干物质的积累，增产可达 23.3%。冯伟等（2013）研究表明，单施沼液时小麦产量低，基施沼液与追施尿素的施肥模式植株生长良好，产量提高。沈学善等（2012）研究表明，秸秆还田能增加作物产量；高海等（2010）研究发现，施用有机肥后玉米株高、穗行数、穗长、穗粒数、百粒质量和产量均有增加趋势，就产量而言，不同有机肥施用量处理比单施化肥处理增产 12.74%～22.59%。沼肥中含有丰富的有机质和大量的氮、磷、钾等营养元素，在大田作物上施用沼肥能明显改善小麦叶片的光合特性，增加小麦产量。

本书试验通过对冬小麦生育期干物质量及小穗数、穗粒数、千粒重的测定，研究了有机物料还田和减量施肥对冬小麦产量的影响。结果表明，相对于仅施化肥处理，添加有机物料处理显著促进了冬小麦的生长，对干物质积累量的增加有明显作用，其中秸秆还田处理效果最为显著。产量构成方面，牛粪还田对提高小麦的小穗数及穗粒数有较好效果，秸秆还田和菌渣还田处理对千粒重的提高效果显著；花前期是小麦营养生长和生殖生长旺盛时期，土壤储水量的增加，对小麦穗分化和花器官的形成有利，也有利于增加小麦穗粒数和花后灌浆，从而提高籽粒产量。与单施化肥处理相比，有机物料替代部分氮肥处理能显著增加小麦产量，Z、F、J 处理较对照分别增产 13.86%、10.82%、8.21%。综上所述，三种添加有机物料处理对冬小麦产量的提高有积极作用，以牛粪还田提高优势最明显。这与张建省等(2013)的研究认为有机肥与化肥配施、秸秆与化肥配施与单施化肥相比能显著提高小麦产量的结果相同。

7.3 秸秆还田和减量施肥对麦田生态系统碳平衡的影响

土壤碳库是生态系统中碳循环的主要构成，土壤有机质为植物的正常生长提供充足的养分与能量，有机物料中含有大量的营养元素和丰富的有机质，还田后能够增加土壤有机质含量，使土壤地力提升，是农田生产力的重要制约因素之一。因此，土壤碳在维护农田生态环境、改善地力以及维持农业生态可持续发展方面发挥着重要的作用。作物秸秆里的纤维素、木质素是土壤中有机质的重要来源，是农田生态系统养分循环再利用的基础物质。秸秆还田能增加和更新土壤有机质，从而影响土壤养分的形成和积累。本书研究对三种秸秆还田效果的研究表明，与对照相比，秸秆直接还田、过腹(牛粪)还田、发酵后(沼液)还田均提高了小麦各生育期 0~60 cm 土层有机碳含量，同时也提高了花前期 0~40 cm 土壤中全氮含量，增加了土壤中有机质、氮等养分的积累。这与龙攀等(2014)有机物料还田能促进土壤中有机碳的积累，尤其粪肥、菌渣更能促进有机碳的积累结论相似。但是由于秸秆不同利用方式形成的三种有机物料的理化性质不同，各处理间土壤养分状况表现出了一定的差异，这与李明德等(2010)的研究一致。

蔗糖酶的活性能够从侧面体现土壤地力的高低，本书研究显示，添加三种有机物料后对土壤蔗糖酶活性的作用效果有差别，秸秆还田处理在整个生育期对提高土壤蔗糖酶的活性都有着显著效果,这可能是因为还田秸秆是土壤中酶反应的优良基质,可以为微生物提供充足的能源,从而致使土壤酶活性发生变化;有机肥施入土壤后明显促进了微生物的代谢和生殖,从而提升土壤中微生物数目,促使酶活性提高。而牛粪还田和菌渣还田在拔节期前对蔗糖酶的活性影响不显著,从拔节期之后,粪肥还田对提高土壤蔗糖酶的活性的效果才渐渐体现。这与董志新等(2014)认为牛粪能够使土壤蔗糖酶活性增加的结果相同。

农田生态系统中作物自身发育是影响土壤呼吸动态变化的制约要素之一,牛海生等(2014)认为农田生态系统中农业生产资料碳排放对温室气体的贡献是不可忽视的,现有研究中,关于有机物料还田对麦田温室气体排放的影响尚无统一定论。有研究认为,土壤呼吸速率的差异主要与有机质及土壤微生物的差异性有关,可以通过施用有机物料提高土壤碳库的生物有效性,进而提高土壤呼吸作用。也有学者认为,农业生产中产生的废弃物如作物秸秆、禽畜粪肥等可能通过焚烧或者堆沤等其他途径更快地以 CO_2 形式返还大气,而通过秸秆还田和施加有机肥将其中的碳累积于农田土壤碳库中,有利于降低农田生态系统在全球气温上升过程中所发挥的作用。在本书试验中,不同有机物料添加对土壤呼吸速率的影响效果不同。在生育前期,由于秸秆对麦田土壤有一定的保温作用,秸秆还田处理的土壤呼吸速率较高。随着温度逐渐升高,施加牛粪和菌渣处理的微生物含量增加,进而促进土壤的呼吸速率。另外,土壤呼吸速率的提升趋势与有机质的增高相同,可能是由于有机物料施用的同时也增加了土壤有机质的含量,供给微生物的碳源增加,土壤中微生物的活性增大,所以土壤呼吸速率与对照相比较大,这与要晓玮(2014)的研究结果一致。

农田生态系统的碳平衡计算通常用净生态生产力 NEP 来表示,它等于农田作物固碳减去土壤呼吸碳释放量,当 NEP 为正值时,表示该系统产生固碳作用,反之为排碳作用。2000 年以后国外学者认为,农田生态系统不同于森林、草原和荒漠等生态系统,是人工建立的生态系统,农田生态系统应包括生态过程、技术过程与经济过程,对农田生态系统碳平衡计算不仅要考虑土壤呼吸(直接碳排放),还应考虑人类耕种过程中向农田生态系统所投入的柴油、化肥和农药等大量物质(间接碳排放)。农田生态系统是人类活动最活跃的生态系统,人类的田间管理活动(耕作、施肥和灌溉)直接或间接地影响着农田生态系统的土壤环境,进而影响农田生态系统中土壤 CO_2 的排放速率。国内外一些学者从理论上提出的先进的节水灌溉技术有利于农田生态系统的固碳,但同时必需考虑这些先进技术的负面效应,牛海生等(2014)研究表明,农田生态系统中农业生产资料碳排放对温室气体的贡献是不可忽视的,农业生产中耗费的物资碳排放占到冬小麦农田总碳排放的40%,其中氮肥和灌溉耗电是该过程中不可忽视的碳排放来源。West 和 Marland(2002)研究也表明:无论是保护性耕作还是施肥等农田管理措施,其化肥和灌溉均为主要的农业生产资料碳排放,此研究结果与本书研究情况一致。主要是因为我国火力发电占总发电量的 80%以上,其耗电碳排放参数为 0.25 kg/(kW · h),高于美国的灌溉耗电碳排放参数 0.18 kg/(kW · h)。黄斌等(2006)研究表明,秸秆还田条件下,返还农田土壤的有机质数量较大,作物生长季土壤呼吸量比秸秆不还田处理高。虽然秸秆还田处理农田系统的碳汇强度均小于秸秆不还田处理,秸秆不还田处理在作物(主要是冬小麦)生长季比还田处理表现为较强的“汇”特征,但农田中移走的作物秸秆可能通过焚烧等其他途径更快地以 CO_2 形式返还大气。秸秆还田提高了土壤碳储量,加大了土壤碳库,使农田生态系统在减缓温室效应方面发挥更多的作用。莫兴国等(2003)通过对小麦拔节期的 CO_2 通量进行观测发现,CO_2 日排放总量为-20~-15 g/(m^2 · d),麦田主要表现为 CO_2 的“汇”。

7.4 秸秆还田和减量施肥对麦田生态系统碳、氮、水足迹的影响

碳足迹是由生态足迹衍生而来的概念,是指人类在日常生活和经济活动中直接和间接排放的 CO_2(或温室气体)总量,已被广泛用作衡量人类碳排放对大气环境影响的一个新测度指标。农业碳足迹能够系统地对农业生产活动过程中,由人为因素引起的直接和间接碳排放总

量进行评价。目前,有关农业碳足迹的研究主要集中在区域农业碳足迹、作物碳足迹和粮食碳足迹(碳成本)方面。直接碳足迹是指人类在生产过程中由于使用机械设备进行耕地、播种和收获,柴油消耗所表现的碳排放,同时也包括生产过程中施用化肥导致土壤增加的碳排放量;间接碳足迹指在生产过程中因运输化肥、农药和种子等农业物资所产生的碳排放,间接碳足迹还包括农田灌溉过程中消耗的电能产生的碳排放。一般情况下,我们认为,农田生态系统碳足迹的大小由单位面积碳排放和碳吸收决定。如果该系统碳排放多而碳吸收少,则碳足迹大,反之则小。本书研究中秸秆直接还田(J)处理碳吸收量显著高于对照,说明秸秆还田对碳足迹有很好的效果。秸秆直接还田从返青期开始、秸秆过腹还田和发酵还田从拔节期开始对净初级生产力(NPP)有明显影响。麦田生态系统苗期表现为碳的弱源,越冬期开始到花后表现为碳汇。大量研究表明,小麦-玉米两熟制生产模式的碳足迹组成中,化肥尤其是施用氮肥造成碳足迹所占的比重最大,主要是因为一方面在生产和运输化肥的过程中需要消耗大量化石燃料,另一方面我国粮食生产过程中农民为了增产施用化肥的量相对较多,这部分碳排放量相对较大。本书研究中灌溉消耗电能产生的碳足迹所占总农资碳足迹的比重(76%)显著高于他人研究结果,主要原因是当地灌溉用水来自于深层地下水,耗能必然显著高于使用地表水或浅层地下水的情况。化肥和灌溉消耗电能占总碳足迹的绝大部分(90%)。因此,提高农业中水肥利用率,是降低华北地区农业碳足迹的关键。美国农业的碳足迹是 91~365 kg Ce/(hm^2 · a),Hillier 等(2009)研究表明,冬油菜、春燕麦、冬燕麦和冬小麦四种作物的碳足迹分别为 436 kg Ce/(hm^2 · a)、310 kg Ce/(hm^2 · a)、388 kg Ce/(hm^2 · a)和 764.9 kg Ce/(hm^2 · a)。史磊刚等(2011)研究小麦-玉米模式中农资部分消耗的碳足迹为 762.90 kg Ce/(hm^2 · a),主要原因可能是我国的种植模式中在化肥、水和机械等投入量上显著高于国外;我国农业生产中,农药和水肥利用效率较低。本书以农药、化肥、农田灌溉、柴油(机械运输)消耗、农田排放等作为农业投入指标,对麦田生态系统碳足迹进行计算。结果显示,化肥的施用造成的碳足迹占农资部分碳足迹的比重最大,主要原因是农民在农业生产过程中经常大量使用化肥来换取高产，所以化肥部分的碳排放量就相对较大，这与前人研究结果一致。本书研究中 J、Z、F 处理农资部分碳足迹分别为 1 055. 93 kg/hm^2、1 046. 97 kg/hm^2、1 046. 97 kg/hm^2，略高于对照处理农资部分碳足迹 1 046. 09 kg/hm^2。依据循环经济的理论，废弃物又叫放在错误地点的原料，通过对废弃物的循环或资源化利用可以实现碳排放的减量化。近年来各地大力推广“生态农业、循环农业”的发展模式，改善农业生活生产环境的同时，对增加农田碳汇和减缓温室气体排放起到一定的积极作用，这一层作用反映农业净碳足迹在节能减排中有重要作用。

氮素是控制陆地、淡水以及海洋生态系统结构与功能的关键元素之一。氮足迹是在生态足迹概念基础上，为了定量评价人类的生产生活方式对活性氮排放的影响而提出的。Leach 等(2011)将其定义为研究对象于整个生命周期过程中所产生的活性氮的总量。本书试验中，从生产氮足迹和输出氮足迹两方面对试验地麦田生态系统的氮足迹进行估算，其中化肥的氮足迹占生产资料投入氮足迹的主要部分，说明使用化肥对生态系统氮足迹的影响较大。能源氮足迹方面，有机物料的添加与运输消耗是其高于对照组的原因，由于减施氮肥，自然挥发氮足迹降低。综合比较，添加有机物料处理不同程度降低了麦田生态系统的氮足迹。因此，提高农业生产中化肥的利用效率，是降低氮足迹的关键。农田土壤被认为是全球最主要的人为 N_2O 释放源，而 N_2O 是最重要的温室气体之一。Rodhe 指出，1 mol N_2O 的增温效应是 CO_2 的 150~200 倍。本书试验中，添加有机物料的处理在整个生育期的 N_2O 排放量相比于对照显著降低。与严玲玲(2015)的菌渣和粪肥还田能增加土壤 N_2O 排放量的研究结果不一致。原因可能是在本书试验中，添加有机物料的同时降低了氮肥的使用量，两者的共同作用使 N_2O 排放量降低。

农作物生产水足迹就是指作物在生产过程中需要的水资源的总量，是评价作物水资源消耗及用水效率的综合指标，为“蓝水”“绿水”“灰水”的总和。对水足迹的估算，有助于促进农业生产过程中水资源的合理利用，对麦田生态系统可持续发展有着重要的意义。本书研究基于生产过程中作物对水分的实际消耗,对四种处理的生产水足迹进行了计算,结果表明添加有机物料处理在不降低产量的同时削减了化肥的施用量,降低了“灰水”足迹。从数据可以看出,氮肥的使用是生产中“灰水”足迹的主要来源,因此在麦田生态系统中,减少“灰水”足迹的消耗,对降低水足迹有显著促进作用。

7.5　秸秆还田和减量施肥对麦田生态系统服务价值的影响

生态系统服务功能是指生态系统为人类生存及提高生活质量所提供的生态系统产品和生态系统功能。目前,国际普遍接受的“生态系统服务”是指人类从生态系统所获取的利益,是人类社会可持续发展的重要“福利”。因此,农田生态系统服务价值是一种“获得性”的生态经济效益。人们对生态系统服务价值认识不充分而单纯考虑环境与自然资源所能提供的直接经济价值,不考虑其潜在的社会价值与环境价值。这对生态系统正常提供服务造成了较大的损害,进而影响人类在整个生物圈中的可持续性发展。由于人们经常忽略生态系统为人类提供产品以及直接和间接的服务,其所提供的产品和服务的价值不能被全面核算和反映。为此人们提出了生态系统服务价值这一概念,用以对生态系统提供的产品和服务进行核算,维持生态系统的可持续发展。农田生态系统服务价值可以分为直接服务价值(包括农产品服务价值以及美学景观价值)和间接服务价值(包括净化环境价值、气候调节价值、水土保持价值和维持生物多样性价值等),我国粮食主产区农田生态系统提供的直接服务价值为561.26亿元/a,间接服务价值为2 567.5亿元/a,间接服务价值是直接服务价值的4.57倍。间接服务价值在总生态价值中所占比例越高,其农田生态功能越好。

本书试验中对有机物料还田和减施氮肥下麦田生态系统服务价值进行了估算,由计算结果可以看出,农田生态系统服务价值中,间接服务功能占主要地位,占总价值的75%~80%,这与陈源泉等(2009)的研究结果一致,说明间接服务功能对于农田生态系统可持续发展尤为重要。从服务价值角度来看,有机物料还田不仅显著增加了直接经济价值(农产品服务价值),牛粪还田和菌渣还田对农田的有机质积累价值也有显著的提高作用。通过对秸秆、牛粪以及菌渣的还田利用,减少了处理这些废弃物的成本,起到净化环境的重要功能。添加有机物料还可以通过对地表的覆盖以及改善土壤结构来增强土壤的保水能力,使麦田生态系统的涵养水分能力增高。此外,有机物料还田对麦田生态系统的气候调节价值也有促进作用。本书研究中通过对秸秆还田和减量施肥下农田生态系统服务价值的测算可以看出,农田生态系统提供的服务价值是巨大的,这是常规对照生产方式所不能比拟的,因此实施多种秸秆还田对促进我国麦田生态系统可持续发展具有积极作用。三种秸秆还田方式显著提高了生态系统的养分循环价值、涵养水分价值、土壤积累有机质功能价值;秸秆直接还田显著提高了生态系统的农产品服务价值和气候调节价值;发酵还田显著提高了生态系统的农产品服务价值。

由于生态系统本身的复杂性,目前对农业生态系统服务功能、价值及评估方法的研究仍在不断完善中,还有很多生态服务功能没有体现出来,本书的计算中只考虑了正向生态经济效益,生态系统的消极效应并未纳入分析范畴。但是农田生态系统服务功能的积极效应和消极效应是相互呼应的,生态系统服务价值提升,从而使其负面效应随之降低,对生态系统服务价值的评价在一定范畴上也能够反馈人们对农业生态系统问题的管理成果。因此,大力发展循环农业、生态农业,在提高农田经济效益的同时,充分发挥农田系统的生态功能与效益,建设生态-经济效益双优型现代农业是今后农业发展的方向。

7.6 结　论

(1)麦田土壤呼吸速率越冬期最低,随生育期推进土壤呼吸速率逐渐增大,开花期达到最大。秸秆直接还田整个生育期显著提高土壤呼吸速率,过腹还田和秸秆发酵还田拔节期后显著提高呼吸作用。土壤脲酶活性先升高后降低,开花期达到最大。三种秸秆还田显著提高了拔节期后脲酶活性,秸秆发酵还田显著提高了拔节期、开花期蔗糖酶活性,秸秆过腹还田显著提高了拔节期、成熟期蔗糖酶活性,秸秆直接还田显著提高了返青到开花期蔗糖酶活性。秸秆直接还田和秸杆发酵还田整个生育期都提高了作物群体数量,秸秆过腹还田拔节期后开始提高作物群体数量。开花期后三种秸秆还田均显著提高了叶面积指数。三种秸秆还田方式均显著提高了叶片 SPAD 值,同时提高了拔节到开花期 F_v/F_m 值和 P_n。三种秸秆还田方式显著提高了小麦穗粒数、千粒重和产量。

(2)秸秆还田对提高耕作层 0~40 cm 土层的有机碳含量效果明显。添加有机物料促进了土壤有机碳含量的积累,牛粪还田和秸秆直接还田对提高土壤有机碳含量效果显著,菌渣还田的增加效果主要体现在小麦的生育后期。施用有机物料对提高小麦生育后期的土壤呼吸速率有积极作用,其中以牛粪还田和菌渣还田效果明显。秸秆还田提高了土壤的保水能力,能够不同程度地提升土壤的水分含量,特别是 80~100 cm 土层的土壤含水量,同时使麦田的水分利用效率明显提升,其中以牛粪还田和秸秆还田效果最好。有机物料还田和减氮施肥处理还能降低土壤温室气体排放,有效地降低农田生态系统在全球气温上升过程中所发挥的作用,各不同有机物料中,牛粪还田和秸秆还田的效果最好。秸秆还田能显著提高 0~60 cm 土壤含氮量,并促进小麦耕作层土壤的碱解氮含量的增加,同时对 100 cm 土层的土壤硝态氮的吸收和利用有积极作用。开花期前秸秆还田显著提高植株氮含量,开花期后显著提高小麦对氮素的吸收利用。牛粪还田和菌渣还田均增加了作物的氮积累,三种添加物均提升了氮素偏生产力,最终使小麦氮素的利用效率升高。

(3)秸秆直接还田从返青期开始、秸秆过腹还田和发酵还田从拔节期开始对净初级生产力(NPP)有明显影响。麦田生态系统苗期表现为碳的弱源,越冬期开始到花后表现为碳汇。三种有机物料还田处理对降低麦田生态系统中的碳、氮、水足迹有显著影响。减量施肥降低了生产中“灰水”足迹,有机物料的添加降低了“绿水”的消耗,从而降低总的水足迹。施加有机物料有效降低了化肥对氮足迹的影响,从而降低麦田氮足迹。农田生态系统农药、灌溉、农业机械和化肥等外界投入中,农田灌溉所占碳足迹比例最大,秸秆还田降低了土壤碳排放量,不同有机物料均增加了碳吸收量,最终降低了生态系统碳足迹。三种秸秆还田方式显著提高了生态系统的养分循环价值、涵养水分价值、土壤积累有机质功能价值及净化环境价值;秸秆直接还田显著提高了生态系统的农产品服务价值和气候调节价值;发酵还田显著提高了生态系统的农产品服务价值,有利于麦田生态系统的可持续发展。

综合来看,有机物料还田和减量施肥有益于小麦作物的生长发育,提高了土壤主要酶活性,使土壤的养分状况得到改良,对土壤的有机碳、全氮、无机氮的积累有积极的增进功效。施加有机物料处理在减施氮肥的条件下并未造成作物减产,而是减少了温室气体的排放,显著提高了水分及氮素的利用效率。各有机物料还田不但降低了碳、氮、水足迹,而且显著提高了麦田生态系统的间接服务价值,是改善农业生态环境的有效方式。

参考文献

Almendros G, Dorado J, 1999. Molecular characteristics related to the biodegradability of humic acid preparations [J]. European Journal of Soil Science,50(2): 227-236.

Aneja V P, Schlesinger W H, Erisman J W, et al. ,2012. Reactive nitrogen emissions from crop and livestock farming in India [J]. Atmospheric Environment, 47:92-103.

Aulakh M S, Doran J W, Walters D T, 1991. Legume residue and soil water effects on denitrification in soils of different textures [J]. Soil Biology and Biochemistry, 23 (12): 1161-1167.

Aulakh M S, Singh B, 1997. Nitrogen losses and fertilizer N use efficiency in irrigated porous soils[J]. Nutrient Cycling in Agro ecosystems,47(3):197-212.

Bahrani A, Abad H, Aynehband A, 2011. Nitrogen remobilization in wheat as influenced by nitrogen application and post-an thesis water deficit during grain lilling [J]. African Journal of Biotechnology(10):10585-10594.

Bolan N S, Adriano D C, Natesan R, et al. ,2003. Effects of organic amendments on the reduction and phytol availability of chromate in soil[J]. Journal of Environmental Quality,32(1):120-128.

Chen H Q, Hou R X, Gong Y S, et al. , 2009. Effects of 11 years of conservation tillage on soil organic matter fractions in wheat monoculture in Loess Plateau of China [J]. Soil and Tillage Research, 106(1): 85-94.

Celik I, Ortas I, Kilic S, 2004. Effects of compost, mycorrhiza, manure and fertilizer on some physical properties of a Chromoxerert soil [J]. Soil and Tillage Research, 78 (1): 59-67.

Chirinda N, Olesen J E, Porter J R, et al. , 2010. Soil properties, crop production and greenhouse gas emissions from organic and inorganic fertilizer-based arable cropping systems [J]. Agriculture and Environment, 139:584-594.

Clough T J, Jarvis S C, Hatch D J, 1998. Relationships between soil thermal units, nitrogen mineralization and dry matter production in pastures [J]. Soil Use and Management, 14(2): 65-69.

Costanza R, Arge R, Groot R, 1997. The value of the world ecosystem services and natural capital[J]. Nature, 387: 253-260.

Couteaux M, Bottner P, Berg B, 1995. Litter decomposition, climate and litter quality [J]. Trends in Ecology and Evolution(10): 63-66.

Daily G, 1997. Nature services socital dependence on natural ecosystem [G]. Washington D C:Island Press: 122-134.

Dubey A, Lal R, 2009. Carbon foot print and sustainability of agricultural production systems in Punjab, India and Ohio, USA [J]. Crop Improvement,23(4): 332-350.

El-Ghamry A M, Huang C Y, Xu J M, 2001. Combined effects of two sulfonylurea herbicides on soil microbial biomass and N-mineralization [J]. Jorrnal of environmental Sciences,13(3): 311-317.

Galloway J N,Cowling E B,2002. Reactive nitrogen and the world:200 years of change [J]. Ambio,31(2):64-71.

Galloway J N,Dentener F J,Capone D G,et al.,2004. Nitrogen cycles:Past, present, and future[J]. Biogeochemistry,70(2):153-226.

Grube N J,Galloway N, 2008. An Earth-system perspective of the global nitrogen cycle [J]. Nature,451:293-296.

Hillier J, Hawes C, Squire G,2009. The Carbon Footprints of Food Crop Production [J]. International Journal of Agricultural Sustainability,7(2): 107-118.

Ngao J,Longdoz B,Granier A,et al., 2007. Estimation of autotrophic and heterotrophic components of soil respiration by trenching is sensitive to corrections for root decomposition and changes in soil water content [J]. Plant Soil,301: 99-110.

Jana T K, Debnath N C, Basak R K, 2004. Effect of herbicides on decomposition of soil organic matter and mineralization of nitrogen in fluventic rstochrept soil [J]. Journal of Interacademicia,8(2): 197-206.

Kole S C, Dey B K, 1989. Effect of aromatic amine herbicides on bacterial population and nitrogen fixing power of the rhizosphere soil of groundnut [J]. Environment and Ecology,7(4): 850-853.

Kumar A, Flynn P, Sokhansanj S, 2008. Biopower generation from mountain pine infested wood in Canada: An economical opportunity for greenhouse gas mitigation [J]. Renewable Energy,33(6):1354-1363.

Lal R, 2004. Carbon emission from farm operations [J]. Environment International,30(7): 981-990.

Lal R, 2004. Soil Carbon Sequestration Impacts on Global Climate Change and Food Security [J]. Science,304(5677):1623-1627.

Leach A M,Galloway J N,Albert B, et al.,2012. A nitrogen footprint model to help consumers understand their role in nitrogen losses to the environment [J].

Environmental Development, 1(1):40-66.

Leach A M, Majidi A N, Galloway J N, et al. , 2013. Toward institutional sustainability: A nitrogen footprint model for a university[J]. Sustainability: The Journal of Record, 6(4):211-219.

Li D M, Liu M Q, Chen Y H, 2011. Methane emissions from double-rice cropping system under conventional and no tillage in southeast China [J]. Soil and Tillage Research, 113(2): 77-81.

Meisterling K, Samaras C, Schweizer V, 2009. Decisions to Reduce Greenhouse Gases from Agriculture and Product transport: LCA Case Study of Organic and Conventional Wheat [J]. Journal of Cleaner Production, 17(2): 222-230.

Mekonnen M M, Hoekstra A Y, 2010. A global and high-resolution assessment of the green, blue and grey water footprint of wheat [J]. Hydrology and earth system sciences, 14(7):1259-1276.

Michalzik B, Matzner E, 1999. Dynamics of dissolved organic nitrogen and carbon in a central European Norway spruce ecosystem [J]. European Journal of Soil Science, (50): 1-12.

Moomaw W R, 2002. Energy, industry and nitrogen: Strategies for decreasing reactive nitrogen emissions[J]. Ambio, 31(2):184-189.

Nelson R G, Hellwinckel C M, Brandt C C, 2009. Energy Use and Carbon Dioxide Emissions from Cropland Production in the United States, 1990–2004[J]. Journal of Environmental Quality, 38(2): 418-425.

Pauline B, Christian R, Marc A, 2013. Fifty years of contrasted residue management of an agricultural crop: Impacts on the soil carbon budget and on soil heterotrophic respiration[J]. Agriculture, Ecosystems and Environment, 167: 52-59.

Paustian K, Six J, Elliotte T, 2000. Management options for reducing CO_2 emission from agricultural soils [J]. Biogeochemistry, 48(1): 147-163.

Peters G P, 2010. Carbon footprints and embodied carbon at multiple scales [J]. Current Opinion in Enbironmental Sustainability, 38(9): 4856-4869.

Quemada M, Cabrera M L, 1996. Temperature and moisture effects on C and N mineralization from surface applied clover residue [J]. Plant and Soil, 189(1): 127-137.

Sandhu H S, Wratten S D, Cullen R, et al. , 2008. The future of farming: the value of ecosystem services in conventional and organic arable land[J]. An experiment al approach,Ecological economic,64,835-848.

Shreyasi G C, Sonal S, Ranbir S, 2014. Tillage and residue management effects on soil aggregation, organic varbon dynamics and yield attribute in rice-wheat cropping system under reclaimedsodic soil [J]. Soil and Tillage Research,136: 76-83.

Stanford G, Epstein E, 1974. Nitrogen mineralization-water relations in soil [J]. Soil Science Society of America Journal,38(1): 103-107.

Veronica M R, Vega J B, Bellido L L, 2010. Monitoring wheat root development in a rainfed vertisol: Tillage effect[J]. European Journal of Agronomy,33: 182-187.

Weidema B P,Thrane M,Christensen P,2008. Carbon footprint-A catalyst for life cycle assessment[J]. Journal of Industrial Ecology,12(1):3-6.

West T O, Marland G, 2002. A synthesis of carbon sequestration, carbon emissions, and net carbon flux in agriculture: comparing tillage practices in the United Stats[J]. Agriculture Ecosystems and Environment,91(3): 217-232.

Wichelns D,2015. Water productivity and food security: considering more carefully the farm-level perspective[J]. Food Security,7(2):247-260.

Xue X B,Landis A E,2010. Eutrophication potential of food consumption patterns[J]. Environmental Science & Technology,44(16):6450-6456.

Zwart S J, Bastiaanssen W G M,2004. Review of measured crop water productivity values for irrigated wheat, rice, cotton and maize [J]. Agricultural Water Management,69(2):115-133.

白杨,欧阳志云,郑华,等,2011. 海河流域森林生态系统服务功能评估[J]. 生态学报,31(7): 2029-2039.

鲍士旦,2005. 土壤农化分析[M]. 3版. 北京:中国农业出版社:22-24.

操信春,吴普特,王玉宝,等,2014. 中国灌区粮食生产水足迹及用水评价[J]. 自然资源学报,11:1826-1835.

曹连海,吴普特,赵西宁,等,2014. 内蒙古河套灌区粮食生产灰水足迹评价[J]. 农业工程学报,01:63-72.

曹倩,贺明荣,代兴龙,2011. 密度、氮肥互作对小麦产量及氮素利用效率的影响[J]. 植物营养与肥料学报,17(4): 815-822.

曹淑艳,谢高地,陈文辉,等,2014. 中国主要农产品生产的生态足迹研究[J]. 自然资源学报,29(8):1336-1344.

陈芳,周志翔,肖荣波,等, 2006. 城市工业区绿地生态服务功能的计量评:以武汉钢铁公司厂区绿地为例[J]. 生态学报(7): 2229-2236

陈剑峰,2006. 陈亮的农业经济思想[J]. 古今农业(2):31-35.
陈磊,郝明德,张少民,2006. 黄土高原长期施肥对小麦产量及肥料利用率的影响[J]. 麦类作物学报(5):101-105.
陈敏,曹建军,武高林,等,2010. 黄河水源区首曲湿地草地生态系统服务价值初步估算[J]. 草业科学(5): 10-14.
陈楠,高同国,姜峰,等,2011. 高效稳定沼液营养液对冬小麦产量及土壤养分的影响[J]. 中国沼气,29(4): 47-50.
陈述悦,李俊,陆佩玲,等,2004. 华北平原麦田土壤呼吸特征[J]. 应用生态学报(9):1552-1560.
陈维春,杜欢,2013. 论中国农业废弃物资源化综合利用立法史[J]. 华北电力大学学报(社会科学版)(2):8-14.
陈文婷,2013. 施肥对不同有机质含量农田黑土土壤活性有机碳和土壤结构的影响[D]. 哈尔滨:东北农业大学.
陈小华,朱洪光,2007. 农作物秸秆产沼气研究进展与展望[J]. 农业工程学报, 23(3): 279-283.
陈晓娟,2008. 循环农业发展模式研究[D]. 福州:福建师范大学.
陈星,李亚娟,刘丽,等,2012. 灌溉模式和供氮水平对水稻氮素利用效率的影响[J]. 植物营养与肥料学报,18(2): 283-290.
陈颖,2014. 浅谈畜牧养殖户的风险管理[J]. 才智(31):346.
陈源泉,高旺盛,2009. 中国粮食主产区农田生态服务价值总体评价[J]. 中国农业资源与区划,30(1): 33-39.
陈芝兰,张涪平,蔡晓布,等,2005. 秸秆还田对西藏中部退化农田土壤微生物的影响[J]. 土壤学报,42(4): 696-699.
程永刚,景小兰,曹昌林,等,2012. 沼液在设施番茄栽培中的应用[J]. 山西农业科学,40(10): 1055-1057.
崔振岭,陈新平,张福锁,等,2008. 华北平原小麦施肥现状及影响小麦产量的因素分析[J]. 华北农学报(增刊 1):224-229.
党红凯,李瑞奇,李雁鸣,等,2012. 超高产栽培条件下冬小麦对磷的吸收、积累和分配[J]. 植物营养与肥料学报,18(3): 531-541.
党红凯,李瑞奇,李雁鸣,等,2013. 超高产冬小麦对氮素的吸收、积累和分配[J]. 植物营养与肥料学报,19(5): 1037-1047.
党廷辉,郭栋,戚龙海,2008. 旱地地膜和秸秆双元覆盖栽培下小麦产量与水分效应[J]. 农业工程学报,2015(10):20-24.

党廷辉,戚龙海,郭胜利,等,2009. 旱地土壤硝态氮与氮素平衡、氮肥利用的关系[J]. 植物营养与肥料学报(3):573-577.
邓立斌,2011. 南四湖湿地生态系统服务功能价值初步研究[J]. 西北林学院学报(3):214-219.
董莉,张月,崔宏,等,2009. 谈农田深耕对作物的增产作用[J]. 现代农业科技,2015(19):72.
董玉红,欧阳竹,李鹏,等,2007. 长期定位施肥对农田土壤温室气体排放的影响[J]. 土壤通报(1):97-100.
董玉红,欧阳竹,李运生,等,2007. 不同施肥方式对农田土壤 CO_2 和 N_2O 排放的影响[J]. 中国土壤与肥料(4):34-39.
董志新,卜玉山,刘秀珍,等,2014. 不同有机物料对土壤养分和酶活性的影响[J]. 山西农业大学学报(自然科学版)(3):220-225.
杜忍让,冯兵健,李纪良,等,2013. 集约化猪场的污染物减量排放及无害化处理[J]. 家畜生态学报,34(9):86-89.
段红光,2013. 增施有机肥对小麦生育特性及产量的影响[J]. 安徽农业科学,41(10):4353-4355.
樊俊华,宋晓丽,姚建忠,2006. 渗水地膜覆盖冬小麦的生态效应研究[J]. 天津农学院学报(2):32-35.
范雪梅,姜东,戴廷波,等,2005. 花后干旱和渍水下氮素供应对小麦籽粒蛋白质和淀粉积聚关键调控酶活性的影响[J]. 中国农业科学(6):1132-1141.
范雪梅,姜东,戴廷波,等,2006. 不同水分条件下氮素供应对小麦植株氮代谢及籽粒蛋白质积累的影响[J]. 生态学杂志,25(2):149-154.
冯波,刘延忠,孔令安,等,2008. 氮肥运筹对垄作小麦生育后期光合特性及产量的影响[J]. 麦类作物学报,28(1):107-112.
冯蕾,2011. 施肥对水稻植株碳氮分配与积累的影响[D]. 西安:西安建筑科技大学.
冯伟,管涛,王晓宇,等,2011. 沼液追施量对小麦叶绿素荧光动力学参数及产量的影响[J]. 华北农学报,26(2):157-162.
冯伟,侯翠翠,刘东洋,等,2013. 沼液与氮肥配施对小麦产量及品质的影响[J]. 麦类作物学报,33(3):520-525.
冯长,2007. 探析我国循环农业经济发展模式的构建[D]. 保定:河北大学.
高海,庞凤仙,刘伟,2010. 有机肥不同用量对玉米生理性状和产量的影响[J]. 中国农村小康科技(12):34-35.

高海涛,王育红,孟战赢,等,2010. 超高产小麦产量及旗叶生理特性的研究[J]. 麦类作物学报(6):1080-1084.

高学睿,2013. 基于水循环模拟的农田土壤水效用评价方法与应用[D]. 北京:中国水利水电科学研究院.

葛顺峰,2011. 苹果园土壤氮素总硝化-反硝化作用和氨挥发损失研究[D]. 泰安:山东农业大学.

宫亮,孙文涛,包红静,等,2011. 不同耕作方式对土壤水分及玉米生长发育的影响[J]. 玉米科学,19(3): 118-120.

宫秀杰,钱春荣,于洋,等,2009. 深松少耕技术对土壤物理性状及玉米产量的影响[J]. 黑龙江农业科学(5): 32-34,40.

关松荫,1986. 土壤酶及其研究方法[M]. 北京:农业出版社:260-339.

国家发展改革委,2009. 中国民用航空局决定暂停收取国内航线旅客运输燃油附加[J]. 节能与环保(3):4.

韩宾,孔凡磊,张海林,等,2010. 耕作方式转变对小麦/玉米两熟农田土壤固碳能力的影响[J]. 应用生态学报(1): 91-98.

韩宾,李增嘉,王芸,等,2007. 土壤耕作及秸秆还田对冬小麦生长状况及产量的影响[J]. 农业工程学报(2):48-53.

韩琳,张玉龙,金烁,等,2010. 灌溉模式对保护地土壤可溶性有机碳与微生物量碳的影响[J]. 中国农业科学(8): 1625-1633.

韩晓盈,王宏燕,于洪艳,等,2009. 黑土生态系统氮循环研究进展[J]. 东北农业大学学报,40(2): 140-144.

侯贤清,韩清芳,贾志宽,等,2009. 半干旱区夏闲期不同耕作方式对土壤水分及小麦水分利用效率的影响[J]. 干旱地区农业研究,27(5):52-58.

胡玮,李桂花,任意,等,2011. 不同碳氮比有机肥组合对低肥力土壤小麦生物量和部分土壤肥力因素的影响[J]. 中国土壤与肥料(2):22-27.

黄斌,王敬国,龚元石,等,2006. 冬小麦夏玉米农田土壤呼吸与碳平衡的研究[J]. 农业环境科学学报(1): 156-160.

黄国勤,Patrick E. McCullough,2013. 美国农业生态学发展综述[J]. 生态学报,33(18):5449-5457.

黄绍敏,宝德俊,皇甫湘荣,等,2006. 长期施用有机和无机肥对潮土氮素平衡与去向的影响[J]. 植物营养与肥料学报,12(4):479-484.

黄耀,2003. 地气系统碳氮交换:从实验到模型[M]. 北京:气象出版社:22-23.

黄振英,董学军,蒋高明,等,2002. 沙柳光合作用和蒸腾作用日动态变化的初步研究[J]. 西北植物学报,22(4): 93-99.
黄忠乾,龙章富,彭卫红,等,1999. 农作物秸秆资源的综合利用[J]. 资源开发与市场,15(1):32.
霍家佳,郑玉艳,洪登华,等,2014. 基于美丽乡村视角下的农业废弃物资源综合利用[J]. 中国标准化(12):94-97.
姜林林,贾黎明,刘聪,2012. 陆地生态系统碳 · 氮 · 水耦合机制研究进展[J]. 安徽农业科学,40(14): 8277-8283.
蒋植宝,童明圣,2006. 秸秆资源的管理和利用是新农村建设必解难题[J]. 农业科技创新与社会主义新农村建设(3):185-189.
解文艳,樊贵盛,周怀平,等,2011. 秸秆还田方式对旱地玉米产量和水分利用效率的影响[J]. 农业机械学报,42(11): 60-67.
金媛娟,2010. 畜禽养殖污染处理及控制[C]//中国科学技术协会,福建省人民政府. 经济发展方式转变与自主创新:第十二届中国科学技术协会年会:1-4.
孔凡磊,张明园,范士超,等,2011. 耕作方式对长期免耕农田土壤微生物生物量碳的影响[J]. 中国生态农业学报,19(2): 240-245.
劳秀荣,孙伟红,王真,等,2003. 秸秆还田与化肥配合施用对土壤肥力的影响[J]. 土壤学报(4):618-623.
劳秀荣,吴子一,高燕春,2002. 长期秸秆还田改土培肥效应的研究[J]. 农业工程学报,18(2): 49-52.
李保国,黄峰,2010. 1998—2007 年中国农业用水分析[J]. 水科学进展,21(4): 575-583.
李春霞,王俊忠,李友军,等,2007. 保护性耕作对冬小麦生长及产量效益的影响[J]. 耕作与栽培,15(3): 4-5.
李东,2011. 生态系统服务价值评估的研究综述[J]. 北京林业大学学报(社会科学版),10(1):59-64.
李芬,孙然好,杨丽蓉,等,2011. 基于供需平衡的北京地区水生态服务功能评价[J]. 应用生态学报,21(5): 10.
李海防,夏汉平,熊燕梅,等,2007. 土壤温室气体产生与排放影响因素研究进展[J]. 生态环境,16(6):1781-1788.
李海涛,许学工,肖笃宁,2005. 天山北坡中段自然生态系统服务功能价值研究[J]. 生态学杂志(5):488-492.
李焕春,严昌荣,赵沛义,等,2012. 不同施肥对阴山北麓旱作农田土壤呼吸的影响[J]. 华北农学报,27(5): 224-229.

李辉信,胡锋,刘满强,等,2000. 红壤氮素的矿化和硝化作用特征[J]. 土壤(4):194-197.

李金泽,2013. 关于人口与我国粮食安全问题的研究[J]. 吉林农业(2):27.

李琳,胡立峰,陈阜,等,2006. 长期不同施肥类型对稻田甲烷和氧化亚氮排放速率的影响[J]. 农业环境科学学报(增刊2):707-710.

李明德,吴海勇,聂军,等,2010. 稻草及其循环利用后的有机废弃物还田效用研究[J]. 中国农业科学(17):3572-3579.

李妮,2012. 西安市区域生态系统服务功能价值研究[J]. 宁夏农林科技,53(9):108-109.

李升东,王法宏,司纪升,等,2009. 耕作方式对土壤微生物和土壤肥力的影响[J]. 生态环境学报(5):1961-1964.

李团胜,李函娇,杨才玉,等,2014. 西安地区农作物生产过程中碳排放估算[J]. 辽宁工程技术大学学报(自然科学版)(3):400-404.

李晓,冯伟,曾晓春,2006. 叶绿素荧光分析技术及应用进展[J]. 西北植物学报,10:2186-2196.

李新艳,李恒鹏,2012. 中国大气 NH_3 和 NO_x 排放的时空分布特征[J]. 中国环境科学(1):37-42.

李旭东,沈晓坤,张春平,等,2014. 黄土高原农田土壤呼吸特征及其影响因素[J]. 草业学报(5):24-30.

李艳,刘海军,黄冠华,2012. 不同耕作措施对土壤水分和青贮夏玉米水分生产率的影响[J]. 农业工程学报,28(14):91-98.

李银坤,陈敏鹏,夏旭,等,2013. 不同氮水平下夏玉米农田土壤呼吸动态变化及碳平衡研究[J]. 生态环境学报(1):18-24.

李友军,黄明,吴金芝,等,2006. 不同耕作方式对豫西旱区坡耕地水肥利用与流失的影响[J]. 水土保持学报(2):42-45.

李玉炫,王俊能,许振成,等,2012. 广州食物氮足迹估算与分析[J]. 广东农业科学,39 (6):137-140.

李远,单正军,徐德徽,等,2002. 我国畜禽养殖业的环境影响与管理政策初探[J]. 中国生态农业学报,10(2):136-138.

李铮铮,伍钧,唐亚,等,2007. 铅、锌及其交互作用对鱼腥草(Houttuynia cordata)叶绿素含量及抗氧化酶系统的影响[J]. 生态学报,27(12):5441-5446.

李志国,张润花,赖冬梅,等,2012. 膜下滴灌对新疆棉田生态系统净初级生产力、土壤异氧呼吸和 CO_2 净交换通量的影响[J]. 应用生态学报(4):1018-1024.

梁龙，王大鹏，吴文良，等，2011. 基于低碳农业的清洁生产与生态补偿：以山东桓台为例[J]. 中国农业资源与区划(6)：98-102.

林继发，2013. 农业技术推广的现状及改善对策[J]. 环球市场信息导报(36)：13-13.

林阅兵，王雯，苏曼，等，2013. 菜地温室气体排放机制及减排技术与策略研究进展[C]. 第30届中国气象学会年会论文集：1-4.

刘传喜，2014. 基于生态足迹理论的鄱阳湖生态经济区旅游可持续性研究[J]. 湖南农机(2)：125-128.

刘东雪，2013. 施肥对冬小麦-夏玉米轮作生态系统温室气体排放的影响[D]. 泰安：山东农业大学.

刘昊，余树全，江洪，等，2009. 模拟酸雨对山核桃叶绿素荧光参数、叶绿素和生长的影响[J]. 浙江林学院学报，26(1)：32-37.

刘建兴，顾晓薇，李广军，等，2005. 中国经济发展与生态足迹的关系研究[J]. 资源科学(5)：33-39.

刘世平，张洪程，戴其根，等，2005. 免耕套种与秸秆还田对农田生态环境及小麦生长的影响[J]. 应用生态学报(2)：393-396.

刘世全，曹红霞，张建青，等，2014. 不同水氮供应对小南瓜根系生长、产量和水氮利用效率的影响[J]. 中国农业科学(7)：1362-1371.

刘韵，师华定，曾贤刚，等，2011. 基于全生命周期评价的电力企业碳足迹评估：以山西省吕梁市某燃煤电厂为例[J]. 资源科学，33(4)：653-658.

龙攀，高旺盛，隋鹏，等，2014. 农业废弃物料还田对土壤团聚体及土壤C和N的影响[J]. 中国农业大学学报(6)：107-118.

路文涛，贾志宽，张鹏，等，2011. 秸秆还田对宁南旱作农田土壤活性有机碳及酶活性的影响[J]. 农业环境科学学报(3)：522-528.

路文涛，贾志宽，张鹏，等，2011. 宁南旱区有机培肥对冬小麦光合特性和水分利用效率的影响[J]. 植物营养与肥料学报，17(5)：1066-1074.

路忻，钟崇林，赵丽莉，等. 我国畜禽污染现状及治理对策[J]. 河南科学，2010，28(8)：1015-1018.

马守田，2015. 秸秆还田下减施氮肥对麦田碳、氮、水利用及生态服务价值的影响[D]. 新乡：河南师范大学.

马兴娟，2013. 甘孜州水资源供需平衡分析及可持续开发利用研究[D]. 雅安：四川农业大学.

毛果平，2009. 基于投入产出和产品生命周期分析的湖南省资源-环境-经济关系研究[D]. 长沙：中南大学.

孟成民，王建武，2014. 广东省农田生态系统碳足迹时空差异分析[J]. 广东农业科学，41(9)：174-178.

莫兴国，陈丹，林忠辉，等，2003. 不同水分条件麦田能量与 CO_2 通量变化特征研究[J]. 中国生态农业学报(4)：82-86.

牛海生，李大平，张娜，等，2014. 不同灌溉方式冬小麦农田生态系统碳平衡研究[J]. 生态环境学报(5)：749-755.

牛灵安，郝晋珉，张宝忠，等，2009. 长期施肥对华北平原农田土壤呼吸及碳平衡的影响[J]. 生态环境学报(3)：1054-1060.

潘根兴，李恋卿，郑聚锋，等，2008. 土壤碳循环研究及中国稻田土壤固碳研究的进展与问题[J]. 土壤学报，45(5)：901-914.

潘志勇，吴文良，牟子平，等，2006. 不同秸秆还田模式和施氮量对农田 CO_2 排放的影响[J]. 土壤肥料(1)：14-16，65.

庞凤梅，2008. 有机无机肥料配施对麦田土壤氨挥发和硝态氮含量的影响[D]. 北京：中国农业科学院.

庞学勇，刘庆，2002. 人为干扰对川西亚高山针叶林土壤物理性质的影响[J]. 应用与环境生物学报，8(6)：583-587.

齐新英，1997. 农业利用有机废弃物的生态工程[J]. 资源开发与市场，13(5)：233-235，237.

齐玉春，董云社，章申，等，2002. 贡嘎山山地暗针叶林带森林土壤温室气体 N_2O 和 CH_4 排放研究[J]. 中国科学(D辑：地球科学)(11)：934-941.

齐志勇，2003. 不同培肥模式对土壤呼吸和土壤养分变化的研究[D]. 哈尔滨：东北农业大学.

秦丽杰，靳英华，段佩利，2012. 吉林省西部玉米生产水足迹研究[J]. 地理科学(8)：1020-1025.

秦树平，胡春胜，张玉铭，等，2011. 氮足迹研究进展[J]. 中国生态农业学报，19(2)：462-467.

邱临静，周春菊，李生秀，等，2007. 不同栽培模式和施肥方法对旱地冬小麦氮素吸收运转的影响[J]. 植物营养与肥料学报(3)：355-360.

邱新强，黄玲，高阳，等，2012. 不同年代冬小麦品种水分利用效率差异分析[J]. 灌溉排水学报，31(2)：25-29.

邵云，王小洁，张紧紧，等，2013. 小麦-玉米轮作区耕作及培肥方式对麦田土壤养分和小麦产量的影响[J]. 华北农学报(3)：152-158.

沈学善,屈会娟,李金才,等,2012. 玉米秸秆还田和耕作方式对小麦养分积累与转运的影响[J]. 西北植物学报,32(1): 143-149.

时元智,崔远来,王力,等,2009. 氮磷钾肥对紫云英产量及养分积累的影响[J]. 中国土壤与肥料(5):49-52.

史吉平,张夫道,林葆,2002. 长期定位施肥对土壤有机无机复合状况的影响[J]. 植物营养与肥料学报,8(2): 131-136.

史磊刚,陈阜,孔凡磊,等,2011. 华北平原冬小麦-夏玉米种植模式碳足迹研究[J]. 中国人口·资源与环境,21(9): 93-98.

侍爱秋,2013. 蟒蛇河水源保护区畜禽养殖污染分析及对策[J]. 环保科技,19(5): 40-42.

宋利娜,张玉铭,胡春胜,等,2013. 华北平原高产农区冬小麦农田土壤温室气体排放及其综合温室效应[J]. 中国生态农业学报(3):297-307.

宋绍宪,2009. 黄河三角洲重盐碱地生态开发模式分析[D]. 青岛:中国石油大学(华东):56.

宋效宗,赵长星,李季,等,2008. 两种种植体系下地下水硝态氮含量变化[J]. 生态学报,28(11): 5513-5520.

苏娜,2007. 长期施肥对保护地菜田土壤氮素形态、含量及剖面分布影响[D]. 沈阳:沈阳农业大学.

孙才志,陈丽新,刘玉玉,2010. 中国农作物绿水占用指数估算及时空差异分析[J]. 水科学进展,21(5):637-642.

孙广春,刘德俊,李润杰,等,2009. 施肥和灌溉方式对春小麦产量和水分利用效率的影响[J]. 湖南农业科学(3):47-49.

孙国峰,郑建初,陈留根,等,2012. 配施猪粪对麦季 CH_4 和 N_2O 排放及温室效应的影响[J]. 生态与农村环境学报,28(4):349-354.

孙国峰,周炜,何加骏,等,2012. 猪粪沼液施用后土壤理化性状及小麦产量的变化[J]. 江苏农业学报(5):1054-1060.

孙星,刘勤,王德建,等,2007. 长期秸秆还田对土壤肥力质量的影响[J]. 土壤,39(5): 782-786.

孙星,刘勤,王德建,等,2008. 长期秸秆还田对剖面土壤肥力质量的影响[J]. 中国生态农业学报(3):587-592.

孙永明,李国学,张夫道,等,2005. 中国农业废弃物资源化现状与发展战略[J]. 农业工程学报(8):169-173.

孙振钧,孙永明,2006. 我国农业废弃物资源化与农村生物质能源利用的现状与发展[J].中国农业科技导报(1):6-13.

孙振钧,袁振宏,张大道,等,2004.农业废弃物资源化与农村生物质资源战略研究报告[R].国家中长期科学和技术发展战略研究.

唐艳凌,2005.人类农业活动对土壤活性氮库的影响及其环境效应[D].长春:吉林农业大学.

陶家声,李月凤,1997.用 $Zn-FeSO_4 \cdot 7H_2O$ 还原测定土壤碱解氮[J].宁夏农林科技(6):29-31.

田贺忠,郝吉明,陆永琪,等,2001.中国氮氧化物排放清单及分布特征[J].中国环境科学(6):14-18.

汪洪焦,隋鹏,石彦琴,等,2011. 不同培肥措施对土壤养分和小麦产量的影响[J].中国农学通报,27(18): 192-196.

汪军,王德建,张刚,等,2010. 连续全量秸秆还田与氮肥用量对农田土壤养分的影响[J].水土保持学报,24(5): 40-44.

汪文,2011. 我国秸秆利用率近七成[J].北京农业(7): 42.

王爱玲,高旺盛,黄进勇,2000.秸秆直接还田的生态效应[J].中国农业资源与区划(2):44-48.

王法宏,任德昌,王旭清,等,2001.施肥对小麦根系活性、延缓旗叶衰老及产量的效应[J].麦类作物学报,21(3):51-54.

王凤珍,周志翔,郑忠明. 城郊过渡带湖泊湿地生态服务功能价值评估:武汉市严东湖为例[J].生态学报(7): 1946-1954.

王海候,沈明星,吴进兴,等,2012.不同肥源有机肥对白菜产量及氮素吸收利用的影响[J].江苏农业科学,40(1):130-132.

王丽学,汪可欣,吴琼,等,2007. 水肥耦合技术与辽宁旱地农业可持续发展[J].节水灌溉(8): 10-11.

王利平,王金信,孙艾蕊,等,2006. 4种除草剂对紫花苜蓿-根瘤菌共生固氮的影响[J].农业环境科学学报,25(增刊): 114-117.

王慕,2008.生态文明视野下我国生态农业发展研究[D].南昌:南昌大学.

王文哲,2011.低碳经济范式下的环境保护评价指标体系研究[D].长沙:中南大学.

王昕,贾志宽,韩清芳,等,2009.半干旱区秸秆覆盖量对土壤水分保蓄及作物水分利用效率的影响[J].干旱地区农业研究(4):196-202.

王新华,徐中民,龙爱华,2005.中国2000年水足迹的初步计算分析[J].冰川冻土(5):774-780.

王艳,杨丽娟,周崇峻,等,2010. 长期施肥对设施蔬菜栽培土壤易氧化有机碳含量及其剖面分布的影响[J]. 水土保持通报(4):32-35.

王玉军,2013. 不同缓释有机肥对夏玉米产量及氮素利用效率的影响[J]. 中国土壤与肥料(2):42-45.

危飞跃,2010. 粮食生产中发展低碳农业的问题和对策[J]. 作物研究,24(4):285-287.

卫婷,韩丽娜,韩清芳,等,2012. 有机培肥对旱地土壤养分有效性和酶活性的影响[J]. 植物营养与肥料学报,18(3): 611-620.

卫智涛,周国英,胡清秀,2010. 食用菌菌渣利用研究现状[J]. 中国食用菌(5):3-6,11.

魏建林,崔荣宗,杨果,等,2010. 不同氮肥运筹对小麦产量及氮肥利用率的影响[J]. 山东农业科学(9):53-55,59.

吴俊,樊剑波,何园球,等,2012. 不同减量施肥条件下稻田田面水氮素动态变化及径流损失研究[J]. 生态环境学报,21(9): 1561-1566.

吴巍,赵军,2010. 植物对氮素吸收利用的研究进展[J]. 中国农学通报(13):75-78.

武俊喜,陈新平,贾良良,等,2004. 冬小麦/夏玉米轮作中高肥力土壤的持续供氮能力[J]. 植物营养与肥料学报(1):1-5.

夏德建,任玉珑,史乐峰,2010. 中国煤电能源链的生命周期碳排放系数计量[J]. 统计研究(8): 82-89.

谢高地,张钇锂,鲁春霞,等,2001. 中国自然草地生态系统服务价值[J]. 自然资源学报 (1): 47-53.

谢迎新,王小明,冯伟,等,2010. 无机肥与有机肥配施对冬小麦旗叶光合性状和产量的影响[J]. 河南农业大学学报,44(2): 117-120.

邢晓旭,2006. 施肥对春玉米农田土壤呼吸 CO_2 释放量的影响及其变化规律研究[D]. 保定:河北农业大学.

徐长春,黄晶,Ridout B G,等,2013. 基于生命周期评价的产品水足迹计算方法及案例分析[J]. 自然资源学报,28(5):873-880.

许雯雯, 2009. 关中地区种植业生态服务功能与价值评估研究[D]. 西安:西北大学.

轩俊伟,郑江华,刘志辉,2014. 新疆主要农作物生产水足迹计算分析[J]. 干旱地区农业研究,32(6):195-200,235.

严玲玲,2015. 不同有机物料还田对土壤有机碳组分及温室气体排放的影响[D].

北京:中国农业大学.

阎亭廷,张玉龙,李爽,等,2013. 灌溉方式对保护地土壤微团聚体及其碳、氮分布的影响[J]. 水土保持学报,27(4): 278-282.

杨富智,2011. 土壤肥料的发展和有机生物肥在现代农业生产中的重要性[C]. 全国生物肥料研究开发与综合应用新技术、新设备交流研讨会论文集:162-167.

杨鹏鸣,周俊国,2011. 不同肥料对土壤蔗糖酶和过氧化氢酶活性的影响[J]. 广东农业科学,38(11):78-80.

杨宪龙,路永莉,同延安,等,2013. 长期施氮和秸秆还田对小麦-玉米轮作体系土壤氮素平衡的影响[J]. 植物营养与肥料学报,19(1):65-73.

杨晓明,2010. 中国农业循环经济发展模式研究[D]. 武汉:武汉理工大学.

杨泽煌,2013. 土质渠道与混凝土衬砌渠道生态系统服务价值比较[D]. 扬州:扬州大学.

杨正勇,杨怀宇,郭宗香,等,2009. 农业生态系统服务价值评估研究进展[J]. 中国生态农业学报,17(5):1045-1050.

杨志新,郑大玮,文化,2005. 北京郊区农田生态系统服务功能价值的评估研究[J]. 自然资源学报(4): 564-571.

姚利娇,2010. 耕作方式和培肥模式对小麦生长生理影响及养分运转规律的研究[D]. 新乡:河南师范大学.

要晓玮,赵亚丽,薛志伟,等,2014. 耕作方式与秸秆还田对冬小麦-夏玉米耗水特性和水分利用效率的影响[J]. 中国农业科学,15(17):3359-3371.

于成,张祖陆,2013. 山东省冬小麦夏玉米作物生产水足迹研究[J]. 水电能源科学,31(12):202-204,213.

于贵瑞, 2003. 全球变化与陆地生态系统碳循环和碳蓄积[M]. 北京: 气象出版社.

于贵瑞,孙晓敏, 2006. 陆地生态系统通量观测的原理与方法[M]. 北京: 高等教育出版社.

于培顺,2010. 充分利用农业再生资源推动农业循环经济发展[J]. 再生资源与循环经济,3(1):13.

臧贺藏,刘云鹏,曹莲,等,2012. 水氮限量供给下两个高产小麦品种氮素吸收与利用特征[J]. 麦类作物学报,32(3): 503-509.

张迪,牛明芬,王少军,等,2010. 不同有机肥处理对设施菜地土壤硝态氮分布影响[J]. 农业环境科学学报,29(增1):156-161.

张海林,秦耀东,朱文珊, 2003. 耕作措施对土壤物理性状的影响[J]. 土壤(2):

140-144.
张宏,周建斌,2010. 栽培模式及施氮对冬小麦-夏玉米体系产量与水分利用效率的影响[J]. 植物营养与肥料学报,16(5):1078-1085.
张辉,李维炯,倪永珍,2006. 生物有机无机复合肥对土壤性质的影响[J]. 土壤通报(2):2273-2277.
张建省,隋鹏,陈源泉,等,2013. 不同耕法和培肥措施组合对作物产量的影响[J]. 生态学杂志,32(10):2721-2727.
张久明,迟凤琴,宿庆瑞,等,2014. 不同有机物料还田对土壤结构与玉米光合速率的影响[J]. 农业资源与环境学报,31(1):56-61.
张利平,2005. 华北地区陆气水循环时空演化规律研究[D]. 武汉:武汉大学.
张猛,王金信,段敏,等,2008. 除草剂对花生根瘤菌共生固氮的影响[J]. 花生学报,37(1): 42-45.
张前兵,杨玲,王进,等,2012. 干旱区不同灌溉方式及施肥措施对棉田土壤呼吸及各组分贡献的影响[J]. 中国农业科学,45(12): 2420-2430.
张赛,王龙昌,2013. 全球变化背景下农田生态系统碳循环研究[J]. 农机化研究,(1):4-9.
张胜爱,马吉利,崔爱珍,等,2006. 不同耕作方式对冬小麦产量及水分利用状况的影响[J]. 中国农学通报(1):110-113.
张晓文,赵改宾,杨仁全,等,2006. 农作物秸秆在循环经济中的综合利用[J]. 农业工程学报(增刊 1): 107-109.
张雪松, 2009. 冬小麦农田生态系统碳、水循环特征及冠层上方碳通量的模拟[D]. 南京:南京信息工程大学.
张雪松,申双和,谢铁嵩,等,2009. 华北平原冬麦田根呼吸对土壤总呼吸的贡献[J]. 中国农业气象,30(3):289-296,301.
张野,何铁光,何永群,等,2014. 农业废弃物资源化利用现状概述[J]. 农业研究与应用(3):64-67,72.
张永华,王静,2012. 邯郸市循环农业碳足迹计算[J]. 河北农业科学,16(12):60-64,81.
张永丽,于振文,2008. 灌水量对小麦氮素吸收、分配、利用及产量与品质的影响[J]. 作物学报(5): 870-878.
张玉铭,胡春胜,张佳宝,等, 2011. 农田土壤主要温室气体(CO_2、CH_4、N_2O)的源/汇强度及其温室效应研究进展[J]. 中国生态农业学报,19(4): 966-975.
张云舒,刘骅,王西和,等,2008. 灰漠土长期试验地氮素矿化和硝化作用的特征

[J]. 新疆农业科学(4): 700-703.

张忠学,温金祥,吴文良,2000. 华北平原冬小麦夏玉米不同培肥措施的节水增产效应研究[J]. 应用生态学报,11(2): 219-222.

赵成义, 2004. 陆地不同生态系统土壤呼吸及土壤碳循环研究[D]. 北京:中国农业科学院.

赵苗苗,张文忠,裴瑶,等,2013. 农田温室气体 N_2O 排放研究进展[J]. 作物杂志(4):25-31.

赵其国,钱海燕,2009. 低碳经济与农业发展思考[J]. 生态环境学报,18(5): 1609-1614.

赵荣钦,秦明周,2007. 中国沿海地区农田生态系统部分碳源/汇时空差异[J]. 生态与农村环境学报,23(2):1-6,11.

赵长盛,胡承孝,孙学成,等, 2012. 温度和水分对华中地区菜地土壤氮素矿化的影响[J]. 中国生态农业学报,20(7): 861-866.

周才平,欧阳华,2001. 温度和湿度对暖温带落叶阔叶林土壤氮矿化的影响[J]. 植物生态学报,25(2): 204-209.

周怀平,解文艳,关春林,等,2013. 长期秸秆还田对旱地玉米产量、效益及水分利用的影响[J]. 植物营养与肥料学报,19(2): 321-330.

周梅,2008. 不同衰老类型牡丹品种光合作用特性及其光抑制的研究[D]. 青岛:青岛农业大学.

周涛,王云鹏,王芳,等,2014. 广东省农业氮足迹分析[J]. 中国环境科学,34(9): 2430-2438.

周卫军,王凯荣,张光远,2003. 有机无机结合施肥对红壤稻田土壤氮素供应和水稻生产的影响[J]. 生态学报,23(5): 914-921.

周卫军,王凯荣,张光远,等,2002. 有机与无机肥配合对红壤稻田系统生产力及其土壤肥力的影响[J]. 中国农业科学,35(9): 1109-1113.

朱利群,2010. 粪肥还田对农田生态系统氮素的影响及径流流失风险评估[D]. 南京:南京农业大学.

朱利群,杨敏芳,徐敏轮,等,2012. 不同施肥措施对我国南方稻田表土有机碳含量及固碳持续时间的影响[J]. 应用生态学报,23(1): 87-95.

朱万斌,王海滨,林长松,等,2007. 中国生态农业与面源污染减排[J]. 中国农学通报,23(10): 184-187.

朱小红,马友华,杨书运,等,2011. 施肥对农田温室气体排放的影响研究[J]. 农业环境与发展,28(5):42-46.

朱兆良,文启孝, 1992. 中国土壤氮素[M]. 南京:江苏科学技术出版社.
诸葛玉平,张旭东,刘启,2005. 长期施肥对黑土呼吸过程的影响[J]. 土壤通报,36(3):391-394.
邹建文,黄耀,宗良纲,等,2003. 不同种类有机肥施用对稻田 CH_4 和 N_2O 排放的综合影响[J]. 环境科学(4):7-12.